CADMOS

Hundetraining
mit der Futtertube

Effektiv im Alltag,
erfolgreich im Sport

CADMOS

HARMKE HORST

Hundetraining

mit der Futtertube

Effektiv im Alltag,
erfolgreich im Sport

Copyright © 2013 by Cadmos Verlag, Schwarzenbek
Gestaltung und Satz: Johanna Böhm, Dassendorf
Lektorat: Maren Müller

Coverfoto: Madeleine Franck
Fotos im Innenteil: Harmke Horst

Druck: Westermann Druck, Zwickau

Deutsche Nationalbibliothek – CIP-Einheitsaufnahme
Die Deutsche Nationalbibliothek verzeichnet diese Publikation in der Deutschen Nationalbibliografie;
detaillierte bibliografische Daten sind im Internet über http://dnb.ddb.de abrufbar.

Printed in Germany

ISBN: 978-3-8404-2506-6

Hinweis:
Die Rezepte für die Tubenfüllungen wurden sorgfältig ausgewählt und bei verschiedenen Hunden verwendet. Dennoch ist es nicht vollständig auszuschließen, dass es in Einzelfällen zu individuellen Lebensmittelunverträglichkeiten kommt. Bei Unsicherheiten fragen Sie bitte vorab Ihren Tierarzt. Autorin und Verlag können für Unverträglichkeiten oder Folgeerscheinungen keinerlei Haftung übernehmen. Gleiches gilt für die Trainingsanleitung: Die Anweisungen sind erprobt und sorgfältig geprüft, für etwaige Ungenauigkeiten und Fehler wird keine Haftung übernommen. Auch kann es keine Garantie für einen Trainingserfolg geben.

Vorwort

Bereits vor einiger Zeit habe ich meine erste Futtertube gekauft. Eigentlich war es eher Zufall. Ich suchte nach dem richtigen Zubehör für die Hundeausbildung, stöberte in vielen Online-Hundeshops, und dabei fiel mir die Futtertube ins Auge, die so, neben anderen Artikeln, erstmals ins Haus kam.

Schnell waren auch Ideen geboren, was man so alles Leckeres in diese Tube geben könnte: von Thunfischquark bis hin zu verschiedenen Sorten Obst und anderen Köstlichkeiten. Die ersten Übungsversuche konnten starten, und bereits nach kurzer Zeit stellten sich erstaunlich tolle Übungsergebnisse ein.

Da stellte ich mir die Frage: Was kann die tolle Tube noch? Doch weder die Recherche in Hundebüchern noch die in einer großen Suchmaschine im Internet waren sonderlich erfolgreich. Zusätzlich fiel mir auf: Egal, wo ich mit Hund und Tube auftauchte, war die Begeisterung groß und alle wollten mehr über die Futtertube erfahren. Wenn man dann beruflich noch zur schreibenden Zunft gehört und einem die erfolgreiche Hundeausbildung ohne Zwang am Herzen liegt, ist der Weg zum Hundebuch nicht mehr ganz so weit. Und los ging es.

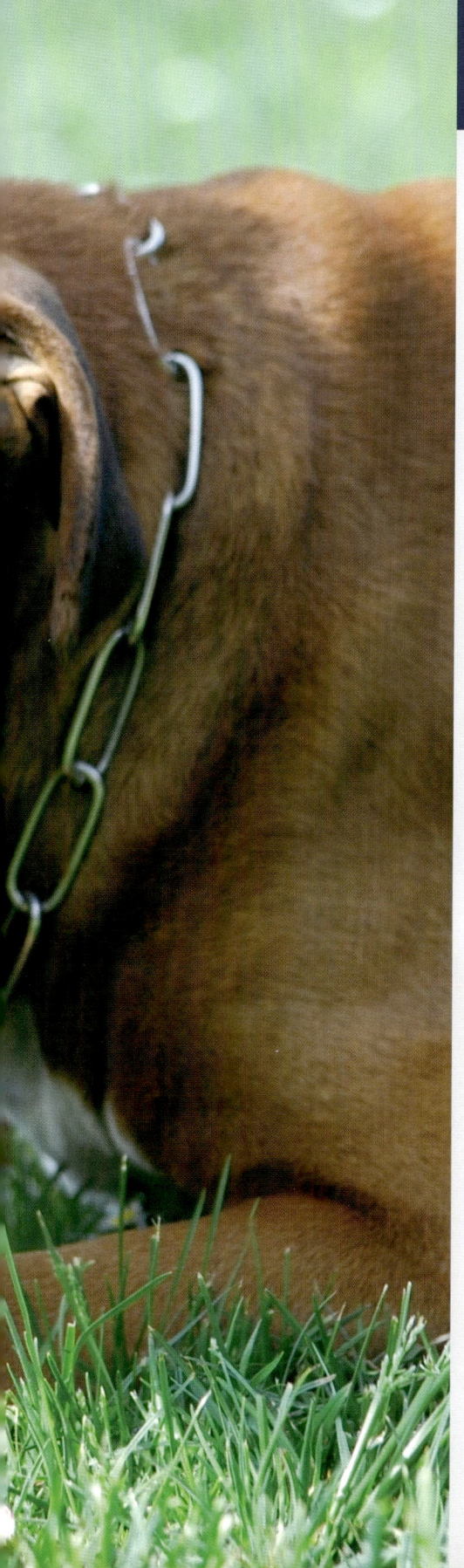

Einführung
Einfach mal auf die Tube drücken

Dieses Buch gliedert sich grob in zwei Teile – in Theorie und Praxis. Selbstverständlich kann man den Praxisteil zuerst lesen, trotzdem empfehle ich, zwischendurch immer mal wieder einen Blick in die Theorie zu werfen.

Training mit der tollen Futtertube

Die Futtertube ist ein wirklich cleveres Hilfsmittel in der Hundeausbildung. Bereits im Welpenalter kann Ihr Hund mit der Tube Bewegungsabläufe erlernen – beispielsweise für die spätere Platzübung. Ebenso kann die Tube in der bereits fortgeschrittenen Ausbildung zum Einsatz kommen, etwa wenn bestimmte Übungen wie das Fußlaufen oder auch das Liegenbleiben noch nicht so perfekt klappen.

Aber auch im Alltagstraining findet die Tube immer wieder ihren Platz. Situationen, die täglich aufs Neue Stress hervorrufen, können mit der Tube viel einfacher bewältigt werden. Und es gibt noch viele weitere Einsatzmöglichkeiten für die Tube, die Sie später im Buch noch kennenlernen werden.

Die Futtertube – ein Motivationswerkzeug

Gleich zu Beginn ist es mir ein sehr wichtiges Anliegen, ein großes Vorurteil gegenüber der Futtertube beziehungsweise generell gegenüber der Ausbildung mit einem Futterverstärker aus dem Weg zu räumen. Häufig wurde ich schon gefragt: Wird mein Hund von der Tube abhängig? Wird er ohne die Tube nichts mehr tun? Meine Antwort lautet dann immer klar: NEIN. Denn die Futtertube ist „nur" die Unterstützung, also die (Fremd-)Motivation innerhalb des Trainings. Die Tube verstärkt positives Verhalten und ist damit ein Hilfsmittel, um ein bestimmtes gemeinsames Ziel zu erreichen.

Sie kennen das selbst, mit Motivation und Hilfe etwas zu lernen oder zu erledigen, fällt uns leichter. Ein Beispiel: Ein Kind hat keine Lust Hausaufgaben zu machen und dadurch weiteren Schulstoff zu erlernen. Stellt man ihm aber in Aussicht, nach den erledigten Aufgaben eine DVD anschauen zu dürfen, sind die Hausaufgaben schon bald erledigt.

Ähnlich ist es in der Ausbildung mit der Futtertube. Anfangs setzt man die Tube viel häufiger ein. Es werden die kleinsten Fortschritte belohnt. Im Lauf der Ausbildung wird die Tube immer mehr abgebaut und Ihr Hund wird die gewünschte Übung oder auch mehrere Übungen hintereinander machen, ohne dabei ständig an der Tube zu schlecken. Aus ihr kommt nur noch die Belohnung am Schluss.

Roxy ist eine stark eigenmotivierte Hündin. Die Futtertube bringt ihr die nötige Ruhe, um neue Dinge einfacher zu erlernen.

Allgemeine Grundlagen

Muss man sich vor dem Hundetraining eigentlich zwingend mit so langweilig klingenden Dingen wie „Lerntheorie" auseinandersetzen? Ich meine schon. Denn es gibt zwar unterschiedlichste Wege, um seinem Hund bestimmte Verhaltensmuster durch gezieltes Training beizubringen, aber es gibt Grundlagen, an den kaum zu rütteln ist, wie beispielsweise Gesetzmäßigkeiten, nach denen Lernen funktioniert. Daher ist es meiner Ansicht nach für eine erfolgreiche Hundeausbildung wichtig, sich einen kurzen Überblick über die Theorie zu verschaffen. Nur so kann man bestimmte Reaktionen des Hundes während der Ausbildung richtig deuten und fördern. Aber auch das eigene Verhalten im gemeinsamen Training kann so besser eingeschätzt werden. Etwa welche Rolle die eigene Körperhaltung spielt.

Natürlich gibt es nicht DIE Methode in der Hundeausbildung, sondern je nach Situation oder Ausbildungsstand einen richtigen Weg, um voranzukommen. Und nicht für jedes Mensch-Hund-Team ist der gleiche Weg der richtige. Aber gerade das Arbeiten mit einem positiven Verstärker – in diesem Fall mit der Futtertube – ist ein tolle Art und Weise, ohne Zwang klasse Ergebnisse im Training zu erreichen.

Wichtig

Erfolge führen zur Wiederholung des im Training gezeigten Verhaltens – Misserfolge führen zum Aufhören des Verhaltens.

Lernen

Sie kennen doch sicher den Spruch: „Man lernt ein Leben lang." Stimmt, aber was bedeutet der Begriff „Lernen" eigentlich genau? Meistens assoziieren wir Lernen mit unserer Schulzeit, beispielsweise Vokabeln auswendig lernen oder für Klausuren pauken. Lernen bezeichnet in diesem Zusammenhang also die reine Aneignung von Wissen. Was heißt jedoch Lernen für Hunde? Und vor allem: Wie lernen Hunde?

Um das Lernverhalten unserer Hunde zu verstehen, muss der Lernbegriff noch ein wenig erweitert werden: „Die Lernpsychologie definiert Lernen als Erfahrungsprozess, der zu einer Verhaltensänderung führt" (G. Bodemann et al.). Oder anders ausgedrückt: Hunde lernen durch Erfahrung. Wird ein Hund für ein bestimmtes Verhalten – etwa für ein zügiges Zurückkommen zum Besitzer – immer wieder belohnt, dann verknüpft er sein Zurückkommen mit dieser Belohnung. Weil sein Verhalten positiv verstärkt/bestärkt wird, wird er es wieder zeigen, um erneut eine Belohnung zu bekommen.

Zini genießt es, mit der Futtertube zu lernen.

Der Begriff Lerntheorie

Mit dem Thema Lerntheorie und den entsprechenden praktischen Versuchsaufbauten kann man ganze Bücher füllen. Daher würde eine ausführliche Auseinandersetzung mit diesem Thema den Rahmen dieses Buches sprengen. Trotzdem möchte ich an dieser Stelle einen kurzen Überblick über die meiner Meinung nach wichtigen Punkte der behavioristischen Lerntheorie geben.

Eine Lerntheorie stellt Hypothesen auf, wie Lernprozesse aus lernpsychologischer Sicht funktionieren könnten. Mit empirischen Untersuchungen wird dann versucht, diese Hypothesen entweder zu bestätigen oder als falsch zu identifizieren. So entwickelten sich im Lauf der Jahre verschiedene lerntheoretische Ansätze. Zwei der bekanntesten Wissenschaftler, die sich unter anderem mit den Lernprozessen von Tieren/Hunden beschäftigt haben, sind Iwan Pawlow und Burrhus Skinner.

Iwan Pawlow – klassische Konditionierung
In der Praxis hat Pawlow die klassische Konditionierung an einem Beispiel mit Hunden gezeigt: Eigentlich zufällig wurden die Hunde immer beim Glockenschlag (Signal) gefüttert. Als Pawlow nach einiger Zeit einmal zu spät zur Fütterung kam, konnte er beobachten, dass die Hunde bereits beim Glockenschlag angefangen hatten zu speicheln. Sie hatten folglich den Glockenschlag mit dem Erhalt von Futter verknüpft.

Verallgemeinert bedeutet das: Im Gehirn werden zwei Ereignisse, die gleichzeitig oder in einem sehr kurzen Abstand (circa 0,5 Sekunden) passieren, miteinander verknüpft.

Hierzu ein Beispiel: Immer wenn es an der Haustür klingelt (vorher unbedeutender Auslösereiz), erhält der Hund neuerdings von seinem Frauchen in der Küche ein Leckerchen, damit sie in Ruhe zur Tür gehen kann. Daher wird der Hund zukünftig – nach einigen Wiederholungen – beim Türklingeln reflexartig in die Küche rennen, um sein Leckerchen zu erhalten. Kurz gesagt, der Hund wurde darauf konditioniert: Wenn es an der Tür klingelt, gibt es in der Küche ein Leckerchen. Ein sogenanntes Signallernen hat stattgefunden.

Burrhus Skinner – operante/instrumentelle Konditionierung
Für ein gewünschtes Verhalten X erhielt eine Taube in einem unmittelbaren Zeitzusammenhang eine Belohnung – ihr Verhalten wurde also positiv verstärkt. Die Konsequenz daraus war, dass die Taube dieses verstärkte Verhalten wieder zeigte, um erneut eine Belohnung zu erhalten. Kurz gesagt: Die Taube lernte aus ihrem Verhalten und der darauf folgenden Reaktion des Menschen.

Diese Art der Verstärkung wird auch Dreifachkontingenz genannt. Da der Lernprozess aus drei Schritten besteht: Auf einen Stimulus/Reiz erfolgt eine Reaktion des Hundes, die anschließend vom Menschen positiv verstärkt wird.

Verallgemeinert bedeutet das: Es findet eine Verknüpfung zwischen einem gewünschten Verhalten und einer Reaktion (Belohnung) statt, ein sogenanntes Reaktionslernen.

Zusätzlich unterscheidet Skinner die operante und die instrumentelle Konditionierung: Erstere bezieht sich auf freies Formen, der Hund kann also frei wählen, ob er ein

DJ lernt durch Formen von Verhalten bereits im Welpenalter die Körperbewegung ins Platz.

Verhalten ausführt, wofür er belohnt wird. Bei Letzterer wird vom Hund ein gewünschtes Verhalten (Sitz, Platz) gefordert, das bei richtiger Ausführung belohnt und damit verstärkt wird.

Wichtig

Ändert sich das Verhalten Ihres Hundes, ist eins sicher: Ein Lernprozess hat stattgefunden.

Für mich besteht ein optimaler Lernprozess beim Hund aus einem Mix aus klassischer und operanter/instrumenteller Konditionierung. Denn Ziel ist, dass der Hund auf ein Signal (etwa Sitz) ein gewünschtes Verhalten zeigt und weiß: Es lohnt sich! Übrigens ist diese Belohnung im fortgeschrittenen Training nicht immer Futter, sondern ein Ball, ein Lob, oder auch einfach das Weitertrainieren können ebenso als Belohnung dienen.

Verknüpfungen

Wie das Kapitel Lernen gezeigt hat, verknüpft Ihr Hund nicht nur im Training Dinge miteinander. Achten Sie mal im Alltag auf bestimmte Verhaltensmuster, die Sie selbst oder Ihr Hund an den Tag legen. Was passiert, wenn Sie nach der Leine greifen? Vermutlich wird Ihr Hund dann nicht mehr eine Stunde lang auf den nächsten Spaziergang warten wollen. Neben positiven Verknüpfungen kann es im alltäglichen Leben auch zu Fehlverknüpfungen kommen, die die Ausbildung des Hundes erschweren. Das bedeutet: Auf Dinge, die Ihnen im Training wichtig sind, sollten Sie auch im Alltag Wert legen. Die Einstellung: „Ach, zu Hause muss er Kommandos nicht unbedingt ausführen", ist hier kontraproduktiv.

Verstärkung

Verstärker spielen in der heutigen Hundeausbildung eine entscheidende Rolle. Dabei gibt es unterschiedliche Arten von

Verstärkung. Auf zwei möchte ich näher eingehen: die positive und die negative Verstärkung.

Positive Verstärkung

Mit einer positiven Verstärkung ist ein „Ereignis" gemeint, mit dem die Auftretenswahrscheinlichkeit des gewünschten Verhaltens gesteigert wird. Bei uns Menschen ist beispielsweise Geld ein Anreiz dafür, eine Aufgabe zu erledigen. Denn ohne die Aussicht,

Deprivation

So bezeichnet man einen allgemeinen Zustand der Entbehrung. In Bezug auf Futter wäre das ein Futtermangel. Ein hungriger Hund arbeitet mit der Fremdmotivation „Futter" besser als ein satter. Der Deprivationslevel des Hundes sollte vor einer Trainingseinheit also immer hoch sein.

am Ende des Monats ein Gehalt zu bekommen, würden sicher nur wenige Menschen regelmäßig ihren Arbeitsplatz aufsuchen. Beim Hund wäre ein solches positiv verstärkendes „Ereignis" die Gabe von Futter – was aber nur dann funktioniert, wenn der Hund in dieser Hinsicht gerade „depriviert" (siehe Kasten), also hungrig ist.

Eine Belohnung wie Lob oder Futter als positiver Verstärker dient der Motivation. Denn wird ein gewünschtes Verhalten des Hundes positiv durch eine Belohnung bestärkt, wird er das Verhalten wieder zeigen wollen, um erneut eine Belohnung zu erhalten.

Mit einem positiven Verstärker zu arbeiten – in diesem Fall ist das die Futtertube –, heißt entspannt und ohne Zwang gemeinsam zu trainieren. Es wird kein Druck aufgebaut, und nur erwünschtes Verhalten wird belohnt und somit verstärkt. Es ist logischerweise nicht möglich, mit der Futtertube zu bestrafen.

Erwähnenswert ist an dieser Stelle noch der Unterschied zwischen primären und sekundären Verstärkern: Ein primärer positiver Verstärker ist die Erfüllung von Grundbedürfnissen, die der Hund von Natur aus hat, wie Futter oder Wasser. Diese werden automatisch

Amy erwartet gespannt ihre Futtertubenbelohnung.

und ohne vorangegangenen Lernprozess als etwas Positives erkannt. Ein sekundärer Verstärker ist beispielsweise der Clicker, der einen primären Verstärker (meistens Futter) ankündigt. Seine Bedeutung muss erlernt werden.

Negative Verstärkung

Als ich das erste Mal den Begriff „Negative Verstärkung" gelesen habe, hatte ich sofort bestimmte Bilder im Kopf, da negativ in der deutschen Sprache eben negativ belegt ist. Aber davon muss man sich hier lösen. Vielmehr wird in diesem Zusammenhang aus etwas Negativem auch etwas Positives. Denn bei negativer Verstärkung wird ein für den Hund unangenehmer Reiz, etwa Angst einflößender Lärm, entfernt. Es handelt sich bei einer negativen Verstärkung also keinesfalls um eine Bestrafung.

Ganz im Gegenteil: Auf ein richtiges Verhalten bleibt ein unangenehmes Ereignis aus (Verstärker). Einem Kind wird beispielsweise gesagt, wenn es sein Zimmer nicht aufräumt, erhält es kein Taschengeld. Diese unangenehme Konsequenz bleibt aus, wenn es sich richtig verhält.

Motivation

Was ist Motivation? Kurz gesagt ist Motivation der Wunsch, ein bestimmtes Ziel zu erreichen. Um dieses Ziel zu erreichen, kann man eigen- oder fremdmotiviert werden.

Info

Einflussfaktoren auf den Lernprozess
- Hunderasse/Hundetyp
- Eigen- und Fremdmotivation
- Deprivation
- Timing
- Belohnung/Belohnungsintervalle
- Trainingspausen
- Stress/Ablenkung

Wichtig

Motivation ist einer der wichtigsten Bestandteile in der Hundeausbildung.

Vorsitzen ist für Kaya ohne Motivation noch schwierig, mit Motivation klappt es hingegen schon sehr gut.

Eigen- und Fremdmotivation

Die Eigenmotivation kommt aus dem Inneren heraus und wird von Bedürfnissen und Wünschen gesteuert, im Gegensatz zur Fremdmotivation, denn hier kommt der (An-)Reiz von außen. Ein Beispiel für Fremdmotivation ist bei uns Menschen Geld, etwa unser Gehalt, beim Hund ist es Futter.

Und warum ist Motivation in der Hundeausbildung so wichtig? Ohne Eigen- und Fremdmotivation wird Ihr Hund kaum mit Ihnen zusammenarbeiten wollen. Motivation (lat. *movere* = bewegen) ist folglich der Antrieb, ein Verhalten durchzuführen. Dabei macht ein gewisses Maß an Eigenmotivation die Ausbildung mit Sicherheit leichter. Aber auch wenn der Anteil der Fremdmotivation (Futtertube) anfangs viel größer als die Eigenmotivation ist, werden Sie im Lauf der Zeit feststellen, dass sich die Eigenmotivation immer weiter steigert, während die Fremdmotivation Futtertube immer mehr abgebaut werden kann.

Konkurrenten der Motivation

Natürlich gibt es auch Konkurrenten der Motivation wie Ablenkungen, Sich-lösen-Müssen oder der Sexualtrieb. Betrachten Sie deswegen immer vorab Ihre Übungssituation: Wie ist Ihr derzeitiger Übungsstand? Und wie viele Motivationskonkurrenten verträgt das Training? Umwelteinflüsse spielen immer eine entscheidende Rolle in der Hundeausbildung.

> „ Gibt es etwa eine bessere Motivation als den Erfolg?
>
> Ion Tiriac (*1940), Sportmanager

| Wichtig

Motivierendes Übungsende
Um die Motivation auch für die nächste Trainingseinheit aufrechtzuerhalten, sollte man eine Trainingseinheit immer mit einem Erfolg beenden.
Üben Sie gerade etwas Neues, das noch nicht immer klappt, nehmen Sie als letzten Übungsschritt etwas, das Ihr Hund bereits sicher beherrscht.

Bestechung, Bestärkung oder Belohnung?

Anders als beim Spielzeug denkt man beim Einsatz von Futter im Hundetraining oft erst mal an Bestechung. Ja, es stimmt, man kann mit Futter auch bestechen. Setzt man aber Futter (hier in Form der Futtertube) kontrolliert ein, ist es eine prima Ware, die Sie bei Ihrem Hund gegen Gehorsam/Arbeitsleis-

Während des Lernprozesses wird im Training unter anderem aus Bestechung Belohnung.

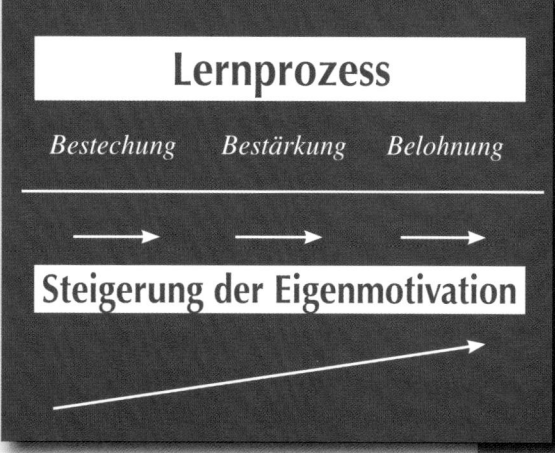

tung eintauschen können. Denn Sie geben Ihrem Hund die Futtertube nicht einfach nur so, sondern er muss dafür etwas leisten: In den frühen Trainingsphasen gibt es die Tube während der Ausführung des Verhaltens als Bestechung und Bestätigung. Später direkt nach dem gezeigten Verhalten als Belohnung.

Sie gehen also mit Ihrem Hund eine Kooperation ein, mit der Sie Ziele erreichen können, die allein nicht möglich wären. Beide Beteiligte gehen als Gewinner hervor: Ihr Hund führt das geforderte Verhalten aus und erhält dafür die gewünschte Belohnung. Sie haben Freude am gemeinsamen Trainingserfolg. Eine typische Win-win-Situation.

Belohnungsrate und -dauer

Wie toll eine Belohnung sein muss, hängt vom Schwierigkeitsgrad der gewünschten Übung ab. So fällt es einem Hund oft leichter, Sitz zu lernen, als einen sicheren Rückruf. Das bedeutet: Der Hund wird das Verhalten Sitz für eine eher geringe Belohnung zeigen, sofortiges Zurückkommen muss sich hingegen richtig lohnen.

Auch wenn eine Übung in einer neuen Umgebung ausgeführt werden soll, erhöht das den Schwierigkeitsgrad, was anfangs eine hö-

Islar in der Kommunikation mit ihrem Welpen.

here Belohnungsrate beziehungsweise eine längere Belohnungsdauer erfordert.

Es kann allerdings auch vorkommen, dass der Hund schon so mit der Belohnung beschäftigt ist, dass das Erlernen der Übung selbst in den Hintergrund tritt. In diesem Fall ist weniger mehr. Will also eine neue Übung nicht klappen, ist vielleicht der Anreiz durch das Futter zu groß und man versteckt die Tube erst mal wieder.

Kommunikation und Körpersprache

Wir Menschen nutzen sehr häufig die verbale Kommunikation, teilen uns also akustisch durch unsere Sprache mit. Auch mit unserem Hund kommunizieren wir verbal, und zwar in Form von Kommandos. Meistens kommunizieren wir aber bereits, bevor wir überhaupt den Mund aufgemacht haben, durch unsere Körpersprache, auch nonverbale Kommunikation genannt. Paul Watzlawick hat dies mit seinem bekannten Zitat wie folgt ausgedrückt: „Man kann nicht nicht kommunizieren." Was bedeuten soll, dass egal, was man macht, immer eine Kommunikation zustande kommt und man dies nicht unterdrücken kann.

Besonders in der Kommunikation zwischen Mensch und Hund spielt die nonverbale Ebene eine entscheidende Rolle. Denn Ihr Hund achtet stärker auf Ihre nonverbale als auf Ihre verbale Kommunikation, und er nimmt sie auch zuerst wahr. Üben Sie beispielsweise gerade das Sitz und nehmen dabei selbst immer eine aufrechte Körperhaltung ein, wird

Wichtig

Hunde lernen in erster Linie durch Körpersprache, Gerüche und visuelle Einflüsse. Und zweitrangig durch Sprache.

es Ihren Hund irritieren, wenn Sie auf einmal selbst sitzen und dennoch ein Sitz von ihm verlangen. Oder wenn Sie beim Kommando Fuß immer Ihren Kopf nach links kippen – vielleicht ohne das selbst zu bemerken –, wird Ihr Hund diese Körperhilfe mit dem Kommando verknüpfen und es im schlechtesten Fall ohne sie nicht ausführen.

Dass Ihr Hund nonverbale Kommunikation leichter interpretieren kann als Sprache, ist auch eine Erklärung dafür, warum es im Training einfacher ist, erst nur mit einem Sichtzeichen statt direkt mit einem Hörzeichen zu arbeiten.

Aber nicht nur zu Beginn, sondern generell während des Trainings sollten Sie auf Ihre und ebenso auf die Körpersprache Ihres Hundes achten: Sie müssen sich gegenseitig lesen können, nur so werden Sie ein gutes Team. Denn viele reden mit ihrem Hund, aber nur wenige „hören" ihm auch zu. Beobachten Sie Ihren Hund doch mal bei der Kommunikation mit anderen Hunden. Sie werden spannende Dinge entdecken.

Timing

Zur richtigen Zeit zu belohnen, also das perfekte „Timing" zu haben, ist nicht immer ganz leicht, aber sehr wichtig. Denn nur, wenn man den Hund zum genau richtigen Zeitpunkt belohnt, verstärkt man auch wirklich das Verhalten, das man zukünftig sehen will.

Ein Hund verknüpft eine erhaltene Belohnung, ob Lob, Futter oder Spielzeug, immer mit dem Verhalten, das er in dem Augenblick oder ganz kurz zuvor gezeigt hat: Er verknüpft also nur dann zwei Dinge miteinander, wenn diese direkt (innerhalb von circa zwei Sekunden) aufeinanderfolgen. Und wenn man sich vor Augen hält, wie schnell zwei Sekunden vorbeigehen, wird die Bedeutung von genauem Timing umso größer.

Belohnen Sie zu früh oder zu spät, wird Ihr Hund das in dem Moment gezeigte (falsche) Verhalten als richtig erachten. Sitzt er beispielsweise erst halb und Sie belohnen ihn bereits dafür, wird er sich zukünftig vermutlich auch immer nur halb setzen.

Seien Sie sich also immer bewusst, welche entscheidende Rolle der richtige Belohnungs-zeitpunkt spielt, und trainieren Sie das perfekte Timing.

Timingtraining für den Menschen

Damit das Timing stimmt, müssen Sie vor allem in der Lage sein, schnell zu entscheiden, ob ein Verhalten gerade gcnau richtig ist. Hierbei helfen folgende Übungen. Die erste können Sie sowohl allein als auch zu zweit durchführen. Für die zweite und dritte Übung benötigen Sie jeweils einen Partner.

Übung 1:

Suchen Sie sich ein Wort aus, das häufig in der deutschen Sprache vorkommt, zum Beispiel „und", „oder", „mit", „ein". Eine Person liest nun aus einem Buch oder einer Zeitung eine kurze Passage vor. Sie als Zuhörer sollen immer dann die Hand heben oder in die Hände klatschen, wenn das ausgesuchte Wort vorgelesen wird. Wie viele richtige Treffer haben Sie erreicht?

Ricky lernt Schritt für Schritt: Auch uswärts macht das Training Spaß.

Tipp: Wenn gerade kein Trainingspartner zur Verfügung steht, können Sie auch den Fernseher zur Hilfe nehmen. Gut geeignet sind Nachrichtensendungen. Suchen Sie sich ein Wort aus und heben Sie immer dann die Hand, wenn der Nachrichtensprecher dieses Wort verwendet.

Wichtig

Werden Sie und Ihr Hund variabel in Bezug auf die Trainingsumgebung.

Übung 2:
Ihr Gegenüber gibt Ihnen Anweisungen, mit dem Zeigefinger bestimmte Gesichtspartien wie Kinn, Nase oder Ohren zu berühren. Ausführen sollen Sie allerdings nur die Bitte, Ihr rechtes Ohr zu berühren, alles andere wird ignoriert. Das ist anfangs bestimmt ungewohnt, aber mit der Zeit fällt einem die Übung immer leichter.

Übung 3:
Bitten Sie Ihren Trainingspartner, in unregelmäßigen Abständen einen Ball auf den Boden fallen zu lassen, und das aus unterschiedlicher Höhe und mit mehr oder weniger Schwung. Ihre Aufgabe ist es, immer dann in die Hände zu klatschen, wenn der Ball nach dem Fallenlassen das erste Mal den Boden berührt – je genauer Sie den Zeitpunkt treffen, desto besser.

Generalisieren

Während des Trainings ist der Hund durch die Umgebung, in der trainiert wird, bestimmten Reizen/Umwelteinflüssen ausgesetzt oder eben nicht. Häufig üben wir anfangs zu Hause, also in der vertrauten Umgebung. Menschen, Tiere und Geräusche, die hier auftreten, sind Ihrem Hund bekannt und bringen ihn kaum aus der Ruhe. Zudem verbindet er das Training ausschließlich mit dieser Umgebung. Kurz gesagt: Sitz heißt für Ihren Hund im Wohnzimmer tatsächlich Sitz, aber nicht unbedingt in der Einkaufspassage oder während des Spaziergangs. Verlangen Sie dieses Verhalten also auswärts, klappt es oft nicht auf Anhieb, weshalb man von Hundebesitzern häufig hört: „Zu Hause kann er das perfekt." Für den Hund ist die neue Umgebung anfangs aber verwirrend und bietet zu viel Ablenkung. Daher muss man die Übungen nicht nur zu Hause, sondern an den unterschiedlichsten Orten und unter den unterschiedlichsten Bedingungen trainieren – in der Hundeschule, bei Freunden, wenn es regnet, wenn Kinder in der Nähe sind, bei Lärm. Man nennt diesen Teil der Ausbildung Generalisierung oder auch Verallgemeinerung.

Beginnen sollten Sie mit der Generalisierung allerdings erst, wenn der Hund zumindest das Handzeichen für die Übung gut kennt und damit schon eine gewisse Sicherheit erlangt hat. Bereitet Ihrem Hund die Generalisierung anfangs Probleme, gehen Sie beim Training an neuen Orten/mit neuen Umwelteinflüssen ein oder zwei Übungsschritte zurück. Schritte, die er bereits sehr sicher beherrscht, werden ihm in neuer Umgebung bestimmt leichter fallen.

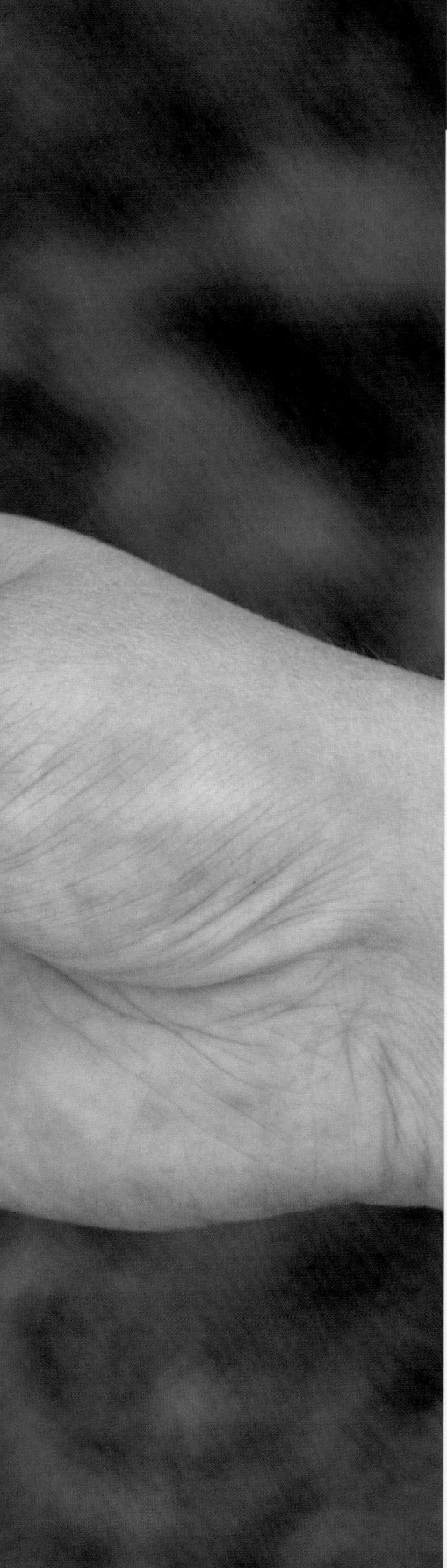

Wissens-wertes zur Futtertube

Beginnen wir diesen Teil am besten mit drei naheliegenden Fragen und den dazugehörigen Antworten:

Wo kommt die Futtertube eigentlich her?
Ursprünglich stammt sie aus dem Outdoor- und Campingbedarf. Zum einen wurden Lebensmittel wie beispielsweise Ketchup in praktischen Mengen für den Urlaub in diesen Tuben verpackt. Zum anderen sind gerade die Squeezetuben eher aus der Not heraus entstanden. Denn seitdem man im Flugzeug nur noch kleine Mengen an Flüssigkeiten mitnehmen darf, wurden Tuben für Haarshampoo, Creme und Duschgel entwickelt, die den zugelassenen Größen entsprechen und sicher und zuverlässig Flüssigkeiten transportieren. Nach und nach wurden die Tuben dann auch bei der Hundeausbildung verwendet.

Für welche Hunde ist die Futtertube geeignet?
Die Antwort ist eigentlich ganz einfach: Für jeden! Vom Dackel bis zur Dogge. Vom Welpen bis zum Hundesenior. Für jeden Anwendungsbereich gibt es die richtige Tube – die perfekte Füllung, das geeignete Material, die passende Größe und Form.

Welche Vorteile hat die Futtertube?

Sie bietet so einige Vorteile gegenüber anderen Futtertrainingsmethoden:

🖊 Der breiige Tubeninhalt ist viel leichter und schneller fressbar – schneller geschluckt, sich weniger verschluckt. Man kann also bereits kurz nach der Belohnung das Training fortsetzen, denn das lange Kauen eines Leckerlis entfällt. Auch aufgeregte Hunde kommen mit der Tubenpaste leichter zurecht und verschlucken sich nicht so oft.

🖊 Meistens ist der Inhalt der Tube geruchsintensiver und bietet somit einen stärkeren Anreiz, sich eine Belohnung

*Roxette (13 Jahre alt) liebt das Training mit der Tube,
denn sie verträgt nicht mehr alle Nahrungsmittel.
Die Tube kann für sie passend gefüllt werden.*

zu erarbeiten. Zusätzlich können die Dauer der Belohnungszeit sowie die Menge genau dosiert werden.

🖊 Wird die Tube als Jackpot eingesetzt, kann der Hund auch mal längere Zeit entspannt daran schlecken, ohne gleich eine allzu große Futtermenge aufzunehmen.

🖊 Ihr Hund ist ein echter Gourmet? Dann können Sie ihm genau den Inhalt in die Tube füllen, den er besonders gern mag. Auch wenn Ihr Hund eine Futterunverträglichkeit hat, können Sie den Inhalt der Tube genau auf seine Bedürfnisse abstimmen.

🖊 Die Futtertube ist einfach eine saubere Sache, eine gute Alternative zu Leckerli. Endlich keine Krümel mehr in der Jackentasche. Eine schnelle, wirkungsvolle Belohnung, die saubere Hände bewahrt.

🖊 Futter to go: Bei Ausflügen kann die Tagesfutterration ganz leicht mitgenommen werden, man braucht nicht einmal einen Napf. Und noch dazu macht die Mahlzeit an einem anderen Ort Spaß – gerade für sonst schlechte Fresser ein Plus.

Die Tube wird mehr und mehr vom Geheimtipp zur äußerst beliebten Trainingshilfe. Mit der Tube macht das Training einfach Freude! Aber natürlich muss Zeit zum Üben investiert werden, denn auch bei der Futtertube gilt: Ohne Fleiß keinen Preis.

Generelles zum Thema Füttern

Gerade für Welpen ist es besser, mehrere kleine Futtermengen pro Tag zu bekommen, als eine große Portion einmal am Tag. Gleiches gilt auch für große Hunderassen, bei denen sonst die Gefahr einer Magendrehung besteht. Man kann seinem Hund die tägliche Futterration also ruhig auch mit der Futtertube über den Tag verteilt als Trainingsmotivation geben.

Futtermenge

Die Futtermenge ist abhängig von Alter, Gewicht, Aktivitätsgrad sowie Gesundheitszustand des Hundes. Ein Welpe erhält logischerweise weniger Futter als ein ausgewachsener Hund. Da aber auch die Trainingseinheiten bei einem heranwachsenden Hund kürzer sind, ist die Futtermenge, die er als Belohnung erhält, ohnehin geringer.

Wichtig

Denken Sie immer daran: Wenn Sie mit der Futtertube trainieren, muss der Hund nach dem Training die Möglichkeit haben, sich zu lösen.

Trainiert man mit einem Futterverstärker – wie der Futtertube – sollte man die gegebene Futtermenge von der Tagesration abziehen. Nur so kann man verhindern, dass der Hund übergewichtig wird.

Wasserbedarf

Für die Gesundheit Ihres Hundes ist die regelmäßige Wasseraufnahme ebenso wichtig wie die tägliche Futterration. Nur ausreichend hydriert – das heißt mit genügend Wasser versorgt – erhält der Hund eine optimale Versor-

Unterwegs nutzt Roxy jede Gelegenheit, frisches Wasser zu trinken.

gung mit Nährstoffen, die er zum Aufrechterhalten der Körperfunktion benötigt. Wasser sollte daher stets zur freien Verfügung stehen.

Bei hohen Außentemperaturen sowie körperlicher Anstrengung (Training) haben Hunde einen erhöhten Wasserbedarf, und auch das Fressen macht durstig. Gerade beim Training ist Flüssigkeitsmangel jedoch sehr ungünstig, weil er zu verminderter Leistungsfähigkeit beim Hund führen kann. Sie sollten Ihrem Hund daher während einer längeren Trainingseinheit und auf jeden Fall am Ende der Einheit ausreichend nicht zu kaltes Wasser anbieten.

Namen für Trainingsutensilien und Handlungen

Geben Sie Gegenständen oder Handlungen einen Namen. Warum? Stellen Sie sich vor, man würde Ihnen unvermittelt ein Glas Wasser hinstellen. In manchen Situationen würden Sie dann vielleicht sogar erschrecken, weil Sie nicht damit gerechnet haben.

Aus diesem Grund sage ich immer, wenn ich meinem Hund Wasser anbiete: „Wasser." Nach einigen Wiederholungen hat dies den

Tipp

Tipp für schlechte Trinker
Wenn Ihr Hund eher zu wenig trinkt, geben Sie doch mal etwas Wurstwasser aus dem Wurstglas oder etwas laktosefreie Milch in das Wasser. So lassen sich viele Hunde auch in fremder Umgebung leichter zum Trinken animieren.

Die große Vielfalt der Futtertuben. Im Folgenden werden die unterschiedlichen Tubenarten mit ihren Vor- und Nachteilen genauer vorgestellt, denn Tube ist nicht gleich Tube.

1 *Selfmade-Tuben*
2 *Plastiktuben*
3 *Squeeze-Tuben*
4 *Fix-und-Fertig-Tuben*
5 *Unguator-Kruken*
6 *Kong*

positiven Nebeneffekt, dass man den Hund quasi fragen kann, ob er durstig ist. Gerade bei Autofahrten mit kurzen Pausen an der Raststätte ist dies sehr praktisch.

Ähnlich verhält es sich mit dem Begriff „Warten". Auch ein Hund muss sich manchmal in Geduld üben. Hierzu ist es äußerst praktisch, ihm das mitteilen zu können. Warten ist mit einem relativ kurzen, aber nicht genau definierten Zeitfenster belegt. Es findet statt, wenn man das Futter zubereitet oder vor dem Einsteigen ins Auto. Ihr Hund soll lernen, nicht hin und her zu hüpfen, sondern ruhig auf die nächste Aktion zu warten. Dabei muss er aber nicht konsequent Sitz oder Platz auf der Stelle machen. Probieren Sie es aus, indem Sie in genau solchen Situation „Warten" sagen. Schon bald wird er wissen, was das bedeutet.

Gleichermaßen verfahre ich mit Trainingsutensilien wie Halsband, Leine oder Geschirr. Jedes Utensil, das ich zum Training oder Spazierengehen benötige, wird mit dem dazugehörigen Begriff benannt und damit angekündigt.

Die verschiedenen Futtertuben

Die Selfmade-Tube aus dem Haushalt

Fast in jedem Haushalt findet sich eine Futtertube zum Selbstmachen, ob Zahnpastatube, Senftube oder Honigflasche, alle Arten von leeren Tuben lassen sich zur Futtertube umfunktionieren. Schneiden Sie bei Tuben mit Schraubverschluss die leere Tube am Ende auf, spülen Sie diese gründlich aus und

befüllen Sie die Tube. Abschließend einfach das hintere Ende zudrücken und umklappen, damit die Füllung nicht mehr herauskann. Ein Tütenklipp eignet sich prima als Verschluss am Tubenende. Bei Honigflaschen genügt in der Regel das Ausspülen, um sie einsatzbereit zu machen.

Vorteil: Preiswerte Tube, mit der man gleich ins Training einsteigen kann, da man sie meist bereits im Haus hat.

Nachteil: Gerade bei Senftuben ist die Öffnung zum Schlecken oft aus Metall, was nicht jeder Hund mag. Zahnpastatuben rein aus Plastik eignen sich daher besser.

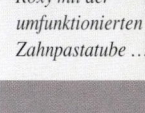

Roxy mit der umfunktionierten Zahnpastatube …

… und Kaya mit der im Fachhandel gekauften Plastiktube, die eine deutlich größere Schlecköffnung hat.

Von oben befüllbare Plastiktube

Diese Futtertube mit der großen Schlecköffnung ist perfekt für Einsteiger. Sie wird zugeschraubt, auf den Kopf gestellt, und dann wird in das oben offene Tubenende die Paste eingefüllt. Anschließend wird die Öffnung mit einem Schiebeverschluss zugemacht. Damit beim Verschließen keine Paste herausquillt, darf die Tube nur zu zwei Dritteln befüllt werden. Diese Tube erhalten Sie in Outdoor-Geschäften oder beim Online-Versandhandel.

Vorteil: Prima zum Kennenlernen, denn dank der großen Schlecköffnung versteht der Hund sehr schnell, wie die Tube funktioniert. Hunde, die mit dem Metallverschluss der Fertigtuben nicht zurechtkommen, lieben diese Tube umso mehr.

Nachteil: Wegen der großen Öffnung ist die Menge der Belohnung jedes Mal recht groß.

GoToob™

Hierbei handelt es sich um eine Silikontube mit Vakuumeffekt, die dank des Schraubverschlusses im Grunde genommen niemals von allein aufgehen kann. Diese Tube gibt es in verschiedenen Größen, und sie ist zur einfachen Reinigung sogar spülmaschinengeeignet. Dank des Vakuums tropft die Tube nicht, weshalb sie sich auch für dünnflüssigere Füllungen eignet, beispielsweise Joghurtmischungen. In Outdoor-Geschäften oder im Online-Versandhandel können Sie diese Tubenart erwerben.

Vorteil: Durch den Vakuumeffekt kann die Menge der Belohnung optimal dosiert werden und der Hund kann sich nicht selbst belohnen. Der Deckel der Tube lässt sich mit der gleichen Hand aufklappen, mit der die Tube gehalten wird. Außerdem bleibt auch der geöffnete Deckel mit der Tube verbunden, sodass er nicht verloren gehen kann.

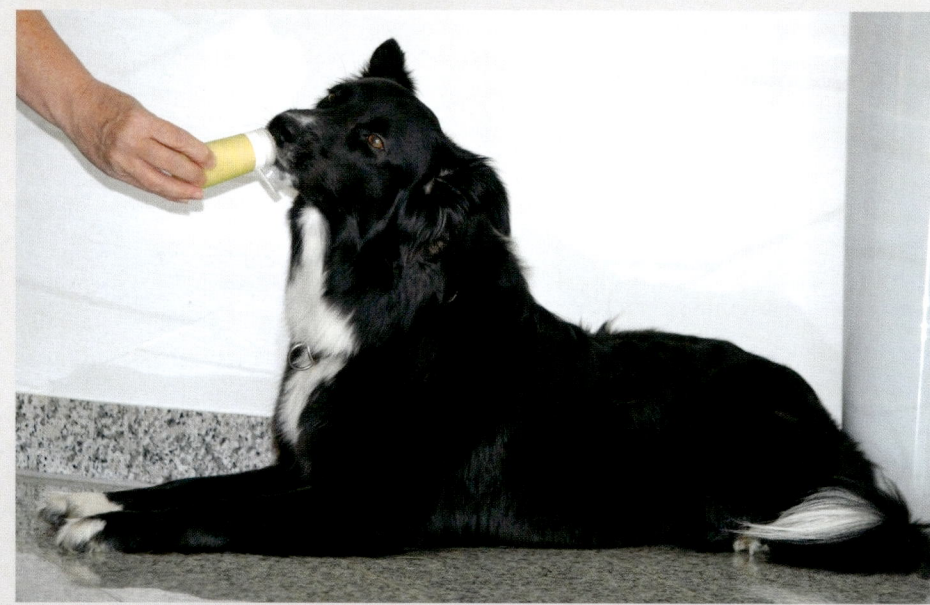

Kira kennt das Tubentraining schon lange und kann deshalb mit der GoToob™ perfekt umgehen.

Nachteil: Das Befüllen der Tube erfordert ein wenig Übung. Eher grobmotorisch veranlagten Hunden fällt der Umgang mit dieser Tube zunächst schwer.

Fertigtuben

Mittlerweile kann man in vielen Drogeriemärkten, im Tierfachhandel und online fertig befüllte Futtertuben der futterherstellenden Firmen kaufen. Diese Tuben sind meist lange haltbar.

Vorteil: Man kann sich einen kleinen Tubenvorrat anlegen und so ohne Vorbereitung jederzeit direkt mit dem Training starten. Der Tubeninhalt hat immer eine gute Konsistenz, und die richtige Belohnungsmenge lässt sich leicht dosieren.

Nachteil: Man kann keine eigene Füllung in die Tube geben. Manche Hunde kommen anfangs mit der Metallöffnung nicht zurecht.

Unguator-Kruke

Die Unguator-Kruke, ursprünglich zur Salbenaufbewahrung, bekommt man in der Apotheke oder im Online-Versandhandel, wo sie häufig unter dem Begriff Jackpot zu finden ist. Dank der eingebauten Bodenschiebehilfe kann man den pastösen Inhalt immer weiter Richtung Öffnung schieben. So lässt sich der Inhalt gut dosiert herausdrücken. Gerade für Hunde, die die Tube noch nicht kennen, eine leichte Art, das Schlecken zu erlernen. Und wie der Name schon sagt, eignet sich die Tube perfekt als Jackpot für besondere Leistungen.

Vorteil: Die Kruke ist wegen der großen Öffnung sehr leicht zu befüllen und eignet sich besonders für Hunde, die anfangs etwas Hilfe beim Schlecken brauchen.

Wintertipp

In der kalten Jahreszeit lässt sich der Tubeninhalt von Fertigtuben manchmal nur schwer aus der Tube herausdrücken. Daher die Tube vor dem Training in der Hosentasche anwärmen oder zwischen den Handinnenflächen ein wenig warm rubbeln.

Kalle trainiert gern mit der Leberwurst Fertigtube.

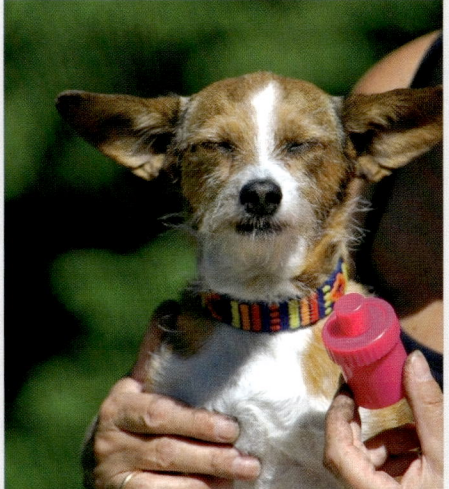

Lisa – ein Mini-mischling – kann die perfekt zu ihrer Größe passende Mini-Kruke nicht mehr sehen, aber riechen.

Nachteil: Der Schraubverschluss ist manchmal etwas schwierig in der Handhabung.

Die Minitube

Für ganz kleine Hunderassen kann die Futterbelohnung auch aus der Einwegspritze (natürliche ohne Nadel) kommen. Genauso wie bei der Kruke lernt der Hund das Schlecken durch leichtes Nachdrücken der Paste ganz leicht. Oder Sie verwenden eine Mini-Kruke, wie im Bild gezeigt. Alternativ bietet sich auch eine Mini-GoToob™ 37 Milliliter) an.

Der Kong

Er ist quasi der Bruder der Tube, denn auch an einem mit Leckereien bestückten Kong lässt es sich entspannt schlecken. Optimal zur Beschäftigung im Büro, bei Freunden, im Café oder auf Reisen, weil am Kong schlecken ablenkt und beruhigt. Ähnlich wie eine Kruke kann ein gefüllter Kong als Jackpot am Ende einer Trainingseinheit oder als Belohnung für besondere Leistungen dienen. Der Kong ist quasi die Tube zur alleinigen Beschäftigung – allerdings sollten Sie Ihren Hund mit dem Kong nicht völlig allein lassen. Noch ein Tipp für heiße Sommer: Befüllen Sie den Kong – beispielsweise mit Streichkäse – und frieren Sie ihn anschließend über Nacht ein. Am nächsten Tag kann Ihr Vierbeiner ein Hunde-Eis genießen. Ganz nebenbei ist er mit diesem Kong eine längere Zeit beschäftigt. Den Kong erhalten Sie im Tierfachhandel oder im Online-Versandhandel.

Die Tubentasche

Ähnlich wie beim Training mit Leckerli ist es auch beim Üben mit der Futtertube sinnvoll, eine Tasche dafür bei sich zu tragen. Im Handel gibt es mittlerweile spezielle Tubentaschen, mit denen sich die Futtertube praktisch am Gürtel befestigen lässt. Beim Training für Fortgeschrittene kann die Tube in die Tasche gesteckt und damit aus dem Blickfeld des Hundes genommen werden. Nur zum Belohnen wird sie hervorgeholt.

Leckere Rezepte für die Tubenfüllung

Tick schleckt entspannt am leckeren Kong.

Bei den im Folgenden beschriebenen Rezepten handelt es sich um leicht umsetzbare Vorschläge für Tubenfüllungen. Schließlich wollen wir nicht den ganzen Tag in der Küche verbringen, bevor es mit dem Training losgehen kann. Natürlich sind Ihrer Kreativität keine Grenzen gesetzt. Vielleicht gibt es etwas, das Ihr Hund besonders gern mag, dann kreieren Sie einfach Ihre eigene Tubenfüllung. Einzig die richtige Konsistenz – pastös muss sie sein – ist wichtig.

Je nach Inhalt wird Ihr Hund die Tube mehr oder weniger toll finden. Sicher ist püriertes Dosenfutter für ihn normaler als eine Fischpaste. Letztere ist häufig das absolute Highlight. Probieren Sie aus, was Ihr Hund wie gern mag, und sparen Sie sich Highlight-Tuben für besonders schwierige Übungen auf, etwa für den sicheren Rückruf. Kommt die Tube im Training häufig zum Einsatz, denken Sie bitte daran, die Futtermenge in der Tube von der Tagesration Futter abzuziehen. Und wenn Ihr Hund sensibel auf bestimmte Lebensmittel reagiert, fragen Sie bitte vorab Ihren Tierarzt, ob die gewählte Tubenfüllung für Ihren Hund geeignet ist. Viel Freude beim Ausprobieren der Köstlichkeiten!

Die schnellen Tuben

Fertig und los:
Hochwertiges Dosenfutter pürieren und ab in die Tube! Oder weiche Streichwurst direkt aus der Ummantelung in die Tube drücken.

Babygläschen:
Früchtebrei, Karottengemüse, Gemüse mit Reis oder Kartoffeln mit Geflügel direkt in die Tube füllen oder gegebenenfalls mit Magerquark strecken.
Tipp: Die Gläschen sind lange haltbar und sie müssen nicht im Kühlschrank aufbewahrt werden; prima zum Beispiel für Seminaraufenthalte.

Quarkvariationen

Quark eignet sich perfekt als Grundsubstanz, vermischt und püriert mit Dingen unterschiedlichster Geschmacks- und Geruchsrichtungen.

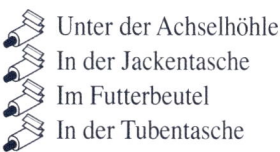

Tipp

Verstecke für die Futtertube

- Unter der Achselhöhle
- In der Jackentasche
- Im Futterbeutel
- In der Tubentasche

Karottenquark:
Drei bis vier Karotten klein schneiden und im Mixer pürieren. Anschließend ein paar Tropfen Öl sowie 250 Gramm Quark hinzugeben. Nun alles zusammen gut vermengen und in eine Tube füllen.

Apfelmus-Quark-Mix:
Ein kleines Glas Apfelmus und 250 Gramm Quark mit einem Löffel ordentlich vermischen. Zusätzlich kann man – wenn der Hund Getreide verträgt – auch noch 50 Gramm eingeweichte Hirseflocken unterrühren. Das ist dann eine tolle Krukenfüllung.

Quark trifft Teewurst:
Geruchsintensive Teewurst (Streichwurst) lässt sich ebenfalls ganz leicht mit Quark vermengen. Auf 100 Gramm Teewurst kommen circa 50 Gramm Quark – je nachdem, ob der Tubeninhalt mehr oder weniger flüssig sein soll. Der fertig verrührte Mix kann direkt in die gewählte Tube gefüllt werden.

Karottengemüse aus dem Glas mit Quark – fruchtig lecker.

Obstgenuss:
Eine Banane oder 100 Gramm Beeren in einem Gefäß mit der Gabel zerdrücken und anschließend mit 250 Gramm Quark vermengen. Das Ganze gegebenenfalls mit Wasser verdünnen, bis die gewünschte Konsistenz erreicht ist. Dann die passende Menge in die Tube geben.

Mittagstuben
Stellen Sie den Tubeninhalt doch einfach ganz nebenbei her, indem Sie mittags ein bisschen mehr kochen. Hier sind einige Ideen.

Kartoffeltube:
Auf herkömmlichem Weg Kartoffelpüree zubereiten, allerdings darauf achten, dass es nicht zu flüssig wird. Am besten nehmen Sie die Menge für Ihren Hund ab, bevor Sie das Kartoffelpüree für sich würzen. Am Schluss geben Sie noch ein paar Tropfen Pflanzenöl hinzu.

Gerührt und nicht geschüttelt – sollte der Hüttenkäse zu grobkörnig sein, die Mischung am besten noch mal kurz in den Mixer geben.

Nudeltube:
Vom Mittagessen übrig gebliebene Nudeln noch mal in Wasser geben und richtig weich kochen. 50 Gramm geriebenen Käse sowie einen Esslöffel Joghurt dazugeben und alles verrühren, bis eine cremige Masse entsteht.

Putencremetube:
Für diesen herzhaft leckeren Tubeninhalt 100 Gramm Putenbrust in kleine Würfel schneiden und in einer Pfanne mit wenig Öl durchbraten. Vom Herd nehmen und auskühlen lassen. An-schließend mit dem Pürierstab fein pürieren. In einer Schüssel 60 Gramm zimmerwarme Butter schaumig rühren. 125 Gramm Frischkäse, die pürierte Putenbrust und eine Messerspitze Honig untermengen.

Fisch for Fun – die Highlight-Tuben
Sardellen-Hüttenkäse-Mix:
Eine besonders geruchsintensive Paste, die sich gut für Kruken eignet. Hierfür einen halben Becher Hüttenkäse, zwei Teelöffel Sardellenpaste und ein paar Tropfen Honig im Mixer oder mit dem Mixstab pürieren und gut vermischen. Falls die Masse zu dickflüssig ist, ein wenig Wasser hinzugeben. Anschließend den Mix in die Tube füllen.
Tipp: Da Sardellenpaste meist sehr salzig ist, verwenden Sie diese Tubenfüllung nicht zu häufig. Und denken Sie daran, Ihrem Hund genügend Wasser zu reichen.

Lachs-Hüttenkäse-Tube:
Zwei hart gekochte Eier in einer Schüssel mit einer Gabel zerdrücken. Etwas Räucherlachs in kleine feine Stücke zupfen. Einen Becher Hüttenkäse und etwas Fischöl dazugeben. Alles mit einem Pürierstab vermengen, bis die Masse die richtige Konsistenz hat.

Tuben für Käseliebhaber
Thunfisch trifft Käse:
Das Öl aus einer Thunfischdose in ein separates Gefäß geben. Dann den Thunfisch mit einem halben Becher Frischkäse im Mixer oder mit dem Mixstab fein pürieren und gut vermischen. Anschließend langsam das abgegossene Öl zu der Masse hinzugeben, bis diese gut pastös ist.

Käse-Eicreme-Tube:

Ein hart gekochtes Ei in einem Gefäß mit einer Gabel zerdrücken, dann 50 Gramm geriebenen Gouda und 200 Gramm Kräuterfrischkäse dazugeben und alles gut vermengen.

Paprika-Schafskäse-Tube:

Die Tube mit dem Fellpflege-Effekt: Eine halbe rote Paprika in kleine Würfel schneiden und mit 200 Gramm Schafskäse sowie drei Esslöffeln Öl in den Mixer geben.

Leckere Leberwursttube:

Einfach 250 Gramm Frischkäse und 250 Gramm Leberwurst mithilfe einer Gabel in einem hohen Gefäß vermengen. Ist die Menge zu dickflüssig, ein wenig Wasser oder Brühe hinzugeben.

Veggi-Tuben

Joghurttube:

Einen Apfel und drei bis vier Möhren klein schneiden und im Mixer pürieren. Dann ein paar Löffel Naturjoghurt – bis die Konsistenz pastös ist – sowie einige Tropfen Pflanzenöl hinzugeben. Gegebenenfalls mit Wasser verdünnen.

Leberwurst passt eigentlich immer.

Gemüsetube:

Für diese extracremige Paste 200 Gramm Quark mit zwei bis drei Karotten, einer Roten Beete, einem halben bis einem Kohlrabi oder einem anderen leckeren Gemüse im Mixer oder mit dem Mixstab pürieren und gut vermischen. Wenn die Masse zu dickflüssig ist, verbessert die Zugabe von etwas Wasser die Konsistenz. Anschließend den Mix in die Tube geben.

Provianttube mit Trockenfutter

Zum Abschluss kommt hier noch der Futter-to-go-Tipp: 50 Gramm Trockenfutter einige Stunden lang einweichen und anschließend mit einem halben geriebenen Apfel und 100 Gramm Frischkäse im Mixer verquirlen. Fertig.

Tipps zur Aufbewahrung und Reinigung der Tube

 Ab in den Kühlschrank: Wenn mal etwas übrig bleibt, einfach die Tube verschlossen in den Kühlschrank legen. So kann das Training am nächsten Tag gleich weitergehen.

 Reinigung leicht gemacht: Manche Tuben dürfen in den Geschirrspüler, andere nicht. Diese lassen sich jedoch prima mit einer kleinen Reinigungsbürste oder alternativ auch sehr gut mit einer Zahnbürste reinigen.

 Verdorbener Tubeninhalt: Wenn mal etwas zu lange in der Tube war, diese nach dem Reinigen für einige Zeit leer einfrieren. So löst sich das Geruchsproblem meist wieder.

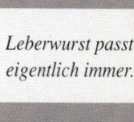

Praktisches Training mit der Futtertube

Nun kann es mit dem Trainingsvergnügen losgehen. Dabei ist die Futtertube in vielen Situationen ein praktisches Hilfsmittel – ob bei Alltagsübungen oder beim Training für den Hundesport. Sicher fallen Ihnen selbst noch viele Einsatzgebiete für die tolle Tube ein.

Am besten probieren Sie aber zunächst ohne Ihren Hund aus, mit welcher Hand und wie Sie die Tube am besten halten. Für das Training sollten Sie die folgenden Dinge vorbereiten: eine gefüllte Futtertube, Wasser, Halsband und Leine sowie einen Trainingsplan (eine Kopiervorlage dafür findet sich im Anhang). Für eine positive Trainingsatmosphäre ist es zudem von Vorteil, wenn Sie die folgenden Regeln beherzigen:

- Trainieren Sie nur, wenn es Ihnen und Ihrem Hund gut geht.
- Nehmen Sie sich genügend Zeit – hastig trainiert ist nicht trainiert.
- Denken Sie an ausreichend Trainingspausen.

🖊 Es kann nicht bei jedem Training
vorangehen, manchmal muss man
auch einen Schritt zurückmachen.

🖊 Haben Sie Geduld mit sich
und Ihrem Hund.

Der Beginn: Kennen-lernen der Futtertube

Schritt 1: Beschnuppern der Futtertube
Zeigen Sie Ihrem Hund die Futtertube und
lassen Sie ihn diese anschließend erkunden,
indem er an der geschlossenen Tube schnup-
pern darf.

Schritt 2: Schlecken ist toll
Öffnen Sie die Tube und geben Sie ein
wenig Tubeninhalt auf Ihren Finger. Dabei soll Ihnen nun Ihr Hund zuschauen. Er
darf die Paste nun von Ihrem Finger schlecken. Dabei sollte die Tube noch außer Reichweite sein.

Schritt 3: Schlecken, aber richtig
Lassen Sie den Hund nun an der Tube schlecken. Er soll dabei lernen, dass er wirklich
nur schlecken darf und nicht in den Tubenhals
beißen soll. Tut er das, sagen Sie „Nein" und
entziehen ihm die Tube.

Schritt 4: Der Tube folgen (Futtertreiben)
Lassen Sie Ihren Hund an der Tube schlecken und bewegen Sie nun die Tube in die
unterschiedlichsten Richtungen. Aber immer
nur so weit, dass Ihr Hund der Tube bequem
folgen kann.

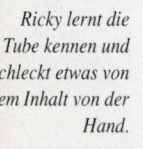

*Ricky lernt die
Tube kennen und
schleckt etwas von
dem Inhalt von der
Hand.*

Bindungsaufbau mit der Futtertube

Wenn ein Hund ins Haus kommt – egal, ob Welpe oder älterer Hund –, ist das immer eine Umstellung für alle Beteiligten. In den ersten Tagen und manchmal Wochen steht das gegenseitige „Beschnuppern" im Vordergrund: Eine Beziehung zwischen Hund und Mensch soll aufgebaut werden.

Häufig gibt es eine bestimmte Bezugsperson, die dann meistens auch die Ausbildung übernimmt: Hier gilt es, aus zwei Einzelnen ein Team zu machen. Gerade in der Kennenlernphase kann die Tube dabei helfen. Füllen Sie etwas Leckeres in die Tube, setzen Sie sich zusammen mit dem Hund bequem hin und lassen Sie ihn an der Tube schlecken. Gerade zappelige oder schreckhafte Hunde profitieren von der entspannenden Wirkung der Tube, was häufig an den geschlossenen Hundeaugen zu erkennen ist. Und nicht nur der Hund wird dieses Erlebnis genießen, sondern auch der Mensch kann in solchen gemeinsamen Momenten mit seinem Hund wunderbar entspannen. Denn in unserer hektischen Welt tut auch uns eine kleine Auszeit gut.

Nicht nur die Hauptbezugsperson, sondern auch der Rest der Familie kann auf diese Art die Bindung zum Hund intensivieren. Gerade für Kinder ist die Tube eine prima Sache, denn oft kommen von ihnen Beschwerden wie: „Der hat mir beim Leckerligeben in die Hände gezwickt", oder: „Kaum ist er da, ist er schon wieder weg." Die Futtertube schafft in solchen Situationen Abhilfe. Zum einen dient sie als Abstandhalter zwischen Kind und Hund, und zum anderen

Für Kinder ist die Futtertube ein perfekter Weg zum Bindungsaufbau – ohne dass sie in die Finger gezwickt werden können.

ist die Tube ein perfekter Anreiz für längeres Schlecken und somit für längeres Verweilen beim Menschen.

Alltagsübungen mit der Futtertube

Vor dem Trainieren der einzelnen Grundübungen Sitz, Platz, Steh oder Hier, die auch im Hundesport gefragt sind, sollten zunächst einige Begriffe gefestigt werden, die das Üben erleichtern. Es handelt sich hierbei nicht um Anweisungen für eine bestimmte Handlung, sondern diese Wörter dienen vielmehr dazu, dem Hund zusätzliche Informationen zu geben. Man kann ihn damit zum Beispiel bestärken, an etwas hindern oder ihm das Ende einer Trainingseinheit verkünden. Die wichtigsten Begriffe sollen hier kurz vorgestellt werden:

Hundename:

Ganz besonders wichtig ist, dass Ihr Hund seinen Namen kennt, denn nur so können Sie ihn ansprechen und seine Aufmerksamkeit gewinnen. Am besten rufen Sie ihn anfangs wirklich nur bei seinem richtigen Namen. Kosenamen würden ihn vielleicht irritieren. Und denken Sie daran: Der eigene Name ist was Besonderes. Deswegen sollten Sie den Namen Ihres Hundes auch nicht im Zusammenhang mit einem Unterlassungswort wie „Nein" verwenden. Denn der Name soll ja nicht negativ verknüpft, sondern immer als positiv empfunden werden.

„Fein"/„Brav":

Führen Sie einen Begriff ein, der dem Hund vermittelt, dass das, was er gerade tut, das gewünschte Verhalten ist. So erhält er Sicherheit in seinen Handlungen. Welchen Begriff Sie verwenden, ist egal. Wichtig ist nur, dass es immer der gleiche ist. Hilfreich ist es, wenn der gewählte Begriff sich in seinem Klang gut von dem Begriff unterscheidet, den Sie für ein Fehlverhalten nutzen möchten. Nur so kann der Hund eindeutig richtig und falsch unterscheiden. Schließlich müssen Sie und Ihr Hund erst eine gemeinsame Sprache lernen. Und je leichter man sich die Zusammenarbeit macht, desto schneller treten Übungserfolge ein.

Markerwort „Klick":

Der Marker beziehungsweise das Markerwort hat seinen Ursprung im Clickertraining, lässt sich aber auch prima in die Arbeit mit der Fut-

Nicht nach der Tube „tatzen", sondern Schlecken ist gefragt. Ein „Schade" weist Amigo darauf hin, dass sein Verhalten unerwünscht ist.

tertube integrieren. Immer wenn Sie „Klick" sagen, soll der Hund wissen: Dies war das richtige Verhalten und dafür bekomme ich meine Belohnung, auch wenn die Tube einen Moment lang auf sich warten lässt. Damit das klappt, müssen Sie das Wort „Klick" allerdings zuvor konditionieren. Das bedeutet: Sie sagen „Klick" und lassen Ihren Hund unmittelbar danach kurz an der Tube schlecken. Dann nehmen Sie die Tube wieder außer Reichweite. Dieses „Klick – Tube" wiederholen Sie einige Male und Tage, bis der Hund verstanden hat, dass er auf das Wort „Klick" seine Tube erhält. Es kommt einem Versprechen gleich. Also immer, und damit meine ich wirklich immer, wenn das Wort „Klick" fällt, erhält der Hund seine Tube als Belohnung. Im zweiten Schritt sagen Sie „Klick", und die Tube lässt einen kleinen Moment auf sich warten. So lernt der Hund, dass Frauchen oder Herrchen das Versprechen immer einlösen, auch wenn es manchmal etwas dauert. Wiederholen Sie dieses „Klick – kurz warten – Tube" ebenfalls einige Male. Sobald der Hund den Zusammenhang zwischen dem „Klick" und der Tube verstanden hat, können Sie das Wort wirkungsvoll im Training einsetzen und so punktgenau bestätigen.

Selbstverständlich kann man statt des Markerworts auch den Clicker benutzen, das Prinzip ist dasselbe, allerdings braucht man seine Hände dann nicht nur für Tube und Hund, sondern zusätzlich für den Clicker, was ein bisschen Übung erfordert.

Abbruchsignal „Schade":
Zeigt Ihr Hund nicht das gewünschte Verhalten, springt er beispielsweise hoch oder versucht mit den Tatzen die Tube zu erreichen, können Sie ihm mit diesem Wort vermitteln, dass er auf dem falschen Weg ist. Auf ein Schade folgt natürlich niemals die Tube oder eine andere Belohnung.

„Lauf":
Um dem Hund das Ende eines ausgeführten Kommandos mitzuteilen, brauchen Sie ein Auflösungskommando, denn nur so weiß er genau, ab wann er die von ihm verlangte Position wieder verlassen darf. Alternativ kann auch eine neue Übung eine vorherige Übung beenden. Macht Ihr Hund zum Beispiel Sitz und erhält darauf folgend das Kommando Fuß, löst das zweite das erste Kommando ab. Geübte Hunde erhalten auch nicht mehr für jede Übung, sondern erst nach einigen Übungen in Folge ihre Belohnung.

„Schluss":
Dieses Wort signalisiert: die gesamte Trainingseinheit ist beendet. Das müssen Sie dann auch wirklich immer einhalten, denn der Hund braucht klare Strukturen im Trainingsalltag. Schluss ist Schluss, und das heißt: Jetzt folgen Freizeit – Toben, Spielen oder auch Schlafen.

Fahrstuhlfahren
Eine häufige Alltagssituation, die sich gut mit der Tube meistern lässt, ist das Fahrstuhlfahren – gerade für junge Hunde eine ganz neue Erfahrung.

Eine Schiebetür, die auf und zu geht und dabei noch unbekannte Geräusche macht. Ein enger Raum, der noch dazu ruckelt – das alles ist schon sehr komisch. Doch mithilfe der

Mit der Tube wird das Fahrstuhlfahren zum Vergnügen.

Futtertube wird in gar nicht mal so langer Zeit auch Fahrstuhlfahren zum Genuss.

Bei allen Übungsschritten sollten Sie Ihren Hund an einer kurzen Leine führen, damit Sie ihn jederzeit nah bei sich und somit unter Kontrolle haben. Denn Fahrstuhltüren gehen leider oft dann zu, wenn man es gar nicht will. Deswegen ist es am besten, die Fahrstuhlübung mit noch einer weiteren Peron durchzuführen, die während der gesamten Übungzeit den Fahrstuhl und dessen Tür im Blick behält.

Schritt 1:
Geräusche des Fahrstuhls kennenlernen
Nähern Sie sich gemeinsam mit Ihrem Hund dem Fahrstuhl. Am besten zu einer Zeit, in

der dieser nicht so hoch frequentiert ist. Bleiben Sie mit circa zwei Metern Abstand vor dem Fahrstuhl stehen und lassen Sie Ihren Hund an der Futtertube schlecken. Verhalten Sie sich dabei so, als wäre ein Fahrstuhl nichts Ungewöhnliches.

Schritt 2: Die Fahrstuhltür öffnet sich
Gehen Sie nun gemeinsam mit Ihrem Hund noch ein wenig näher an die Fahrstuhltür heran und lassen Sie ihn wieder an der Tube schlecken, sobald die Tür sich öffnet. Wenn gerade niemand den Fahrstuhl benutzt, drücken Sie mit der freien Hand selbst auf den Türöffner. Loben Sie Ihren Hund, wenn er in Richtung Fahrstuhl schaut und dabei weder Meideverhalten noch Angst zeigt.

Trainieren Sie mit einem jungen Welpen oder einem sehr unsicheren Hund? Dann reichen diese beiden Übungsschritte für die erste Einheit. Beim nächsten Mal geht es rein in den Fahrstuhl. Ist Ihr Hund schon älter oder sehr sicher, können Sie auch direkt mit Schritt 3 weitermachen.

Schritt 3:
Eine Runde Fahrstuhlfahren mit der Tube
Nun geht es in den Fahrstuhl – am besten, wenn kein anderer mitfährt, denn eng genug ist es ja ohnehin. Drücken Sie also auf den Türöffner und halten Sie den Hund eng bei sich. Locken Sie ihn dann mit der Futtertube in den Fahrstuhl. Sprechen Sie dabei mit ihm. Fahren Sie nun ein Stockwerk – während der ganzen Fahrt darf der Hund an der Tube schlecken. Am Ziel angekommen, steigen Sie gemeinsam mit Ihrem Hund aus dem Fahrstuhl aus, auch dabei kann er weiter an der

Tube schlecken. Draußen gehen Sie ein Stück zu Seite, loben Ihren Hund für die erfolgreiche Fahrstuhlfahrt mit Worten und belohnen ihn aus der Tube.

Fahren Sie zwei bis drei Mal ein Stockwerk und beenden Sie danach die Trainingseinheit „Fahrstuhlfahren". Hat alles gut geklappt, geht es beim nächsten Mal weiter mit Schritt 4. Haben Sie das Gefühl, dass Ihr Hund noch unsicher ist, wiederholen Sie in der nächsten Übungseinheit Schritt 3.

Schritt 4: Abbau der Tube
Nähern Sie sich gemeinsam mit Ihrem an der kurzen Leine geführten Hund dem Fahrstuhl, diesmal befindet sich die Futtertube jedoch versteckt in Ihrer Tasche. Gehen Sie gemeinsam mit Ihrem Hund in den Fahrstuhl, ermutigen Sie ihn wenn nötig mit Worten, Ihnen zu folgen. Fahren Sie ein Stockwerk und steigen Sie dann gemeinsam wieder aus. Entfernen Sie sich ein paar Schritte vom Fahrstuhl und lassen Sie dann den Hund an der Tube schlecken.

Unbekannte Objekte erkunden
Bei dieser und den folgenden Übungen können Sie sich an diesem Schema orientieren, den vier B:

Schritt 1	Bestechung
Schritt 2	Bestärkung
Schritt 3	Belohnung
Schritt 4	Belohnungsabbau

Trifft ein Hund in einer neuen Umgebung auf ein unbekanntes Objekt, kann es sein, dass er dieses zunächst als Ungetüm wahr-

Wichtig

Dinge, die einem Hund fremd sind, beispielsweise das Fahrstuhlfahren, sollte man immer mal wieder üben. Nur so festigt sich das Übungsergebnis wirklich. Besonders während der Pubertät des Hundes lohnen sich solche Wiederholungen. Denn in dieser Zeit dreht sich auch in der Hundewelt so einiges anders, und Dinge, die bereits fest gelernt sind, werden wieder zu Herausforderungen.

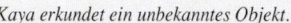

Kaya erkundet ein unbekanntes Objekt.

Ricky lernt mit der Futtertube sogar, über eine steile Metalltreppe zu gehen.

nimmt, gerade wenn es sich um etwas recht Großes handelt. Wir Zweibeiner vergessen schon mal die anderen Größenverhältnisse in Bezug auf unseren Vierbeiner, und wir sollten auch bedenken, dass Alltägliches, das uns gar nicht mehr auffällt, für unseren Hund eine Herausforderung darstellen kann.

Schritt 1: Bestechen

Am besten nehmen Sie Ihren Hund für diese Übung anfangs an die Leine, besonders wenn Gefahrenquellen wie Verkehr in der Nähe sind. Mit ein wenig Abstand zum unbekannten Objekt darf Ihr Hund an der Futtertube schlecken. Dann lassen Sie ihn weiter an der Tube schlecken und bewegen sich Richtung Objekt. Sie können dabei das Objekt auch umrunden und sich diesem dabei weiter nähern. Immer wenn Ihr Hund Ihnen in Richtung des Objekts folgt, loben Sie Ihn verbal. Im ersten Schritt soll das Objekt noch nicht berührt werden. Entfernen Sie sich nun wieder vom Objekt und entziehen Sie Ihrem Hund die Tube. Beenden Sie die Übungseinheit mit Ihrem Auflösungskommando.

Wiederholen Sie diesen Schritt so lange, bis Ihr Hund Ihnen freudig in Richtung des unbekannten Objekts folgt.

Schritt 2: Bestärken

Nun starten Sie schon relativ nah am unbekannten Objekt. Lassen Sie Ihren Hund wieder an der Tube schlecken und gehen Sie dann direkt mit ihm dorthin. Zwischendurch die Tube etwas hochnehmen, dann aber den Hund gleich weiterschlecken lassen. Ihr Hund sollte – natürlich nur, wenn es möglich ist – das Objekt berühren oder sogar überklettern können. Für ein richtiges Verhalten gilt wie immer: das verbale Lob nicht vergessen. Nach einiger Zeit entfernen Sie sich gemeinsam mit Ihrem Hund wieder vom Objekt und entziehen ihm die Tube. Auch diesmal wird die Übung mit dem Auflösungskommando beendet.

Wiederholen Sie diesen Übungsschritt einige Male.

Schritt 3: Belohnen
Verstecken Sie die Futtertube in Ihrer Tasche oder hinter Ihrem Rücken. Führen Sie den Hund jetzt in Richtung des unbekannten Objekts. Berührt Ihr Hund das Objekt mit der Pfote oder der Nase, loben Sie ihn verbal und lassen ihn an der Tube schlecken. Beenden Sie die Übung mit Ihrem Auflösungskommando und entziehen Sie Ihrem Hund die Tube.

Schritt 4: Belohnungsabbau
Ist Ihr Hund sehr sicher in der Umsetzung der Übung, muss nicht jedes Mal die Belohnung mit der Tube erfolgen, sondern ein verbales Lob reicht auch. Ihr Hund soll auf diese Weise lernen, dass es die Futterbelohnung mal gibt und mal nicht. Das bedeutet: Im letzten Schritt setzen Sie die Tube nur noch unregelmäßig ein.

Unbekannte Untergründe erkunden
Fremde Untergründe wie Metallplatten, Gitterroste oder auch besonders glatte oder spiegelnde Böden können ebenfalls eine große Herausforderung für unsere Hunde sein. Daher ist es sinnvoll, das Gehen auf solchen Untergründen zu trainieren.

Schritt 1: Bestechung
Je nach Umgebung sollte auch diese Übung anfangs mit Leine durchgeführt werden. Gehen Sie gemeinsam mit Ihrem Hund bis auf etwa einen Meter an den unbekannten Untergrund heran. Zeigen Sie Ihrem Hund nun die Futtertube und lassen Sie ihn daran schlecken. Verhalten Sie sich dabei so, als hätte der neue Untergrund gar keine besondere Bedeutung, und laufen Sie gemeinsam mit Ihrem Hund über den ungewohnten Boden. Handelt es sich um eine längere oder schwierige Strecke, müssen Sie beim ersten Mal nicht gleich den ganzen Weg schaffen. Loben Sie verbal bereits den ersten oder die ersten Schritte auf dem neuen Untergrund. Sind Sie gemeinsam wieder auf vertrautem Boden angekommen, lösen Sie die Übung mit Ihrem Auflösungskommando wieder auf und verstecken die Tube in Ihrer Tasche.

Üben Sie diesen Schritt mehrfach, bis Ihr Hund sicher und freiwillig der Tube folgend über den ungewöhnlichen Boden geht.

Tipp: Anfangs sind gerade bei unsicheren Hunden kleine, sicher bewältigte Strecken mehr wert als hektisch gelaufene lange Strecken.

Schritt 2: Bestärkung
Starten Sie wieder gemeinsam mit Ihrem angeleinten Hund kurz vor dem unbekannten Untergrund. Zeigen Sie dem Hund die Futtertube, lassen Sie ihn aber noch nicht daran schlecken. Zusammen geht es nun weiter in Richtung des neuen Bodens. Anfangs bestärken Sie Ihren Hund bereits nach dem ersten Schritt auf diesen Boden durch Schleckenlassen an der Tube, später nach ein paar Schritten.

Kaya umrundet die Slalomstangen sicher mit der Tube.

Beenden Sie die Übung auf normalem Boden – später auch auf dem unbekanntem Boden – mit Ihrem Auflösungskommando und durch Entziehen der Tube. Wie immer gilt: Für jede richtige Ausführung erhält der Hund zusätzlich zur Tube auch ein verbales Lob.

Dieser Schritt wird wiederholt, bis er fünfmal hintereinander fehlerfrei klappt.

Schritt 3: Belohnung
Jetzt soll Ihr Hund, ohne die Futtertube im Blick zu haben, gemeinsam mit Ihnen den unbekannten Boden betreten. Anfangs können Sie ihn bereits für den ersten Schritt, später dann für ein paar Schritte mit der Futtertube belohnen. Gehen Sie also wieder gemeinsam mit Ihrem Hund in Richtung des unbekannten Bodens, als ob das gar nichts Besonderes wäre. Für ein sicheres

Betreten erfolgt die Belohnung sowohl verbal als auch mit der Tube. Nach einem kurzen Schlecken beenden Sie die Übung mit Ihrem Auflösungskommando und nehmen die Tube außer Reichweite.

Schritt 4: Belohnungsabbau

Ist Ihr Hund sehr sicher in der Umsetzung der Übung, sollte nicht jedes Mal die Belohnung mit der Tube erfolgen, sondern manchmal reicht auch ein verbales Lob.

Auch ein Weitertrainieren – also die nächste Übung – kann für den Hund eine Belohnung sein. Hat sich der Hund in einem Durchgang allerdings schwergetan, würde ich empfehlen, die Futtertube auf jeden Fall zur Belohnung einzusetzen.

Slalom laufen – oder Vorübung für enges Fußlaufen

Im Alltag treffen wir auf viele Möglichkeiten, um Slalom zu laufen, wie Baumreihen, Poller, Sitzgelegenheiten und vieles mehr. Diese Übung dient nicht nur als Koordinationstraining, sondern sie ist auch eine tolle Vorübung zum Fußlaufen.

Schritt 1:Bestechung

Ihr Hund sollte links neben Ihnen sein und an der Futtertube schlecken. Dann gehen Sie gemeinsam mit Ihrem Hund den Slalom ab. Loben Sie ihn immer dann zusätzlich verbal, wenn er Ihnen zügig folgt. Am Ende des gewählten Parcours heben Sie die Übung mit Ihrem Auflösungskommando auf und nehmen die Tube außer Reichweite.

Wiederholen Sie diesen Schritt so lange, bis Ihr Hund Ihnen zügig folgt.

Schritt 2: Bestärkung

Nun soll der Hund Ihnen durch den Slalomparcours folgen, ohne ständig an der Futtertube zu schlecken: Zeigen Sie Ihrem Hund also die Tube, aber lassen ihn nicht andauernd daran schlecken. Bei einem längeren Parcours können Sie ihn aber ruhig zwischendurch zur Bestärkung seines Verhaltens mal ein bisschen was aus der Tube geben. Zusätzlich können Sie Ihren Hund natürlich immer verbal loben.

Nach ein paar Durchgängen zeigen Sie Ihrem Hund die Futtertube am Anfang des Parcours und halten sie dann im Abstand von circa 30 Zentimetern über seinem Kopf. Er sieht also die Tube, kann aber nicht daran schlecken. Erst am Ende des Parcours erhält er seine Belohnung aus der Futtertube. Heben Sie dann wie immer die Übung mit Ihrem Auflösungskommando auf und nehmen Sie die Tube außer Sicht.

Wiederholen Sie diesen Übungsschritt, bis er fünfmal hintereinander fehlerfrei klappt.

Schritt 3: Belohnung

Zeigen Sie Ihrem Hund die Futtertube, bevor Sie den Slalomparcours betreten, und verstecken Sie dann die Tube in Ihrer Tasche. Durchlaufen Sie nun gemeinsam mit Ihrem Hund den Parcours und belohnen Sie ihn am Ende für das richtige Verhalten mit der Tube und einem verbalen Lob. Beenden Sie die Übung mit Ihrem Auflösungskommando und packen Sie die Tube wieder in Ihre Tasche.

Klappt auch dieser Schritt fünfmal hintereinander fehlerfrei, geht es weiter mit Schritt 4.

Schritt 4: Belohnungsabbau

Ist Ihr Hund sehr sicher in der Umsetzung der Übung, muss nicht jedes Mal die Belohnung mit der Tube erfolgen, sondern ein verbales Lob reicht, denn in letzter Konsequenz soll der Hund das gewünschte Verhalten jederzeit auch ohne Futterbelohnung zeigen.

Bewegungsabläufe formen

Mit der hier beschriebenen Form des Trainings kann bereits sehr früh begonnen werden. Denn in kurzen Übungseinheiten erlernt der Welpe, aber auch ein älterer, noch nicht ausgebildeter Hund, die Körperbewegungen für die Übungen Sitz, Platz und Steh ganz leicht durch Locken mit der Futtertube – ohne Druck und zunächst ohne Kommandos.

Sitz

Gewinnen Sie die Aufmerksamkeit Ihres Hundes, und zeigen Sie ihm die Futtertube. Am besten stellen Sie sich neben ihn und lassen ihn an der Tube schlecken. Währenddessen führen Sie die Tube über seinen Kopf in Richtung seines Rückens. Ihr Hund wird sich dank der Schwerkraft fast automatisch hinsetzen, wobei er weiter an der Tube schlecken darf. Anfangs können Sie auch mit Ihrer freien Hand ein wenig nachhelfen und die Bewegung in die Sitzposition sanft unterstützen.

Aus dem Sitz ins Platz

Aus der Sitzposition wird der Hund im nächsten Schritt ins Platz gelockt: Führen Sie dazu die Tube – während der Hund weiterhin schleckt – Richtung Boden zwischen die Vorderbeine des Hundes. Wenn Ihr Hund anfangs nur den Kopf senkt, helfen Sie mit Ihrer freien Hand sanft nach, damit er auch

Zira braucht anfangs noch eine Handhilfe, um die Platzposition einzunehmen.

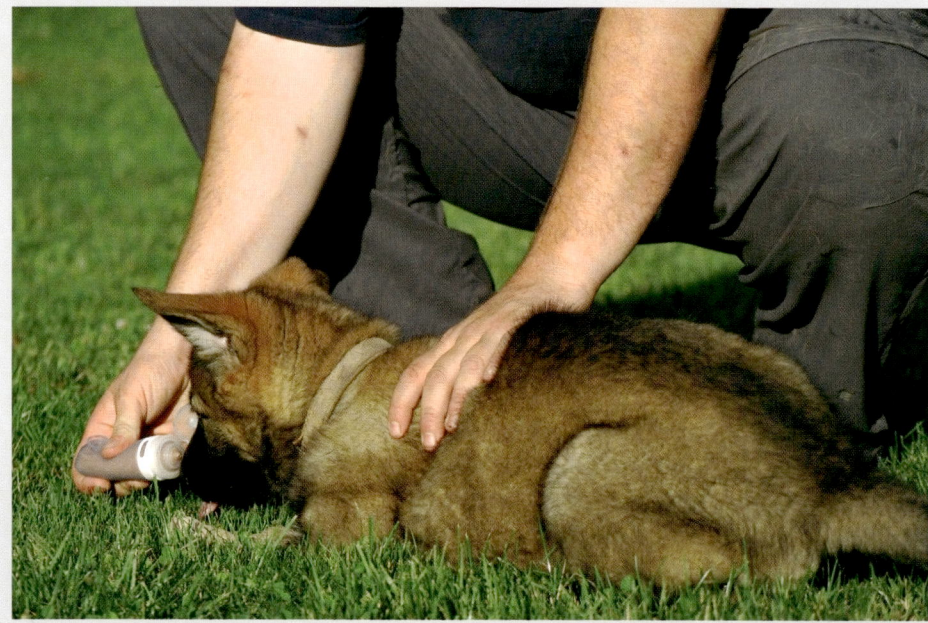

Kalle erhebt sich aus dem Platz ins Steh.

das Hinterteil ablegt. Ziel ist, dass der Hund entspannt einige Zeit in der Platzposition verweilt und an der Tube schleckt.

Aus dem Platz ins Steh

Aus der Platz-Position wird der Hund ins Steh gelockt: Führen Sie dazu die Tube nach oben und leicht nach vorn, während der Hund weiter daran schleckt. Achten Sie darauf, dass der Hund dabei nicht nach vorn geht. Er soll an der gleichen Stelle stehen bleiben, an der er auch Platz gemacht hat. In der Standposition darf der Hund noch eine Zeit lang an der Futtertube schlecken.

Sitz – Platz – Steh im Wechsel

Hat Ihr Hund die Bewegungsabläufe grundsätzlich verstanden, können Sie dazu übergehen, sie in immer wieder unterschiedlicher Reihenfolge zu üben, damit keine Routine

Wichtig

Bei richtig ausgeführtem Verhalten gilt immer: Das verbale Lob nicht vergessen. Aber nennen Sie zu keiner Zeit das Kommando für die Übung, dieses wird erst viel später eingeführt.

aufkommt und Ihr Hund lernt, jede Position aus jeder Position heraus einzunehmen. Hier die Möglichkeiten im Überblick:

Sitz – Platz – Steh
Sitz – Steh – Platz
Platz – Sitz – Steh
Platz – Steh – Sitz
Steh – Sitz – Platz
Steh – Platz – Sitz

Das Daumenkino der Grundübungen

Kennen Sie noch die guten alten Daumenkinos, bei denen aus vielen Bildern eine Geschichte wird? Ähnlich ist es auch mit einzelnen Übungen in der Hundeausbildung. Viele kleine Übungsschritte ergeben eine vollständige Übung. Daher habe ich jede der im Folgenden beschriebenen Übungen in eine Daumenkinogeschichte zerlegt. Gleichzeitig erhöht sich mit jedem Übungsschritt der Schwierigkeitsgrad, das heißt, mit jedem Schritt erhält der Hund weniger Hilfe von seinem Hundeführer.

Falls Sie sich jetzt fragen, warum Sie für eine „einfache" Übung so viele Einzelschritte durchführen müssen: Langfristig gesehen kommen Sie zu einem viel besseren Ergebnis, und das im Endeffekt sogar in einem kürzeren Zeitraum. Denn der Hund hat durch die einzelnen Schritte die Gelegenheit, die jeweilige Übung gut zu verinnerlichen – das Gelernte wird gefestigt.

Also denken Sie immer daran, sich beim Trainieren Zeit zu lassen. Hundeausbildung gleicht eher einem Marathonlauf als einem 100-Meter-Sprint. Lieber auch mal einen Übungsschritt zurückgehen, als zu hektisch fertig werden wollen. Sowohl Ihr Hund als auch Sie werden so auf Dauer leichter Ihre Ziele erreichen.

Sich Zeit lassen gilt im Übrigen auch für die Verwendung des Hörzeichens. Beim Durchlesen der einzelnen Übungsschritte werden Sie feststellen, dass erst relativ spät das jeweilige Hörzeichen (Kommando) eingeführt wird. Dies hat einen simplen Hintergrund: Ihr Hund soll die richtig ausgeführte Übung mit dem Hörzeichen verknüpfen und nicht den Weg zur richtigen Ausführung. Das bedeutet: Erst wenn er den Bewegungsab-

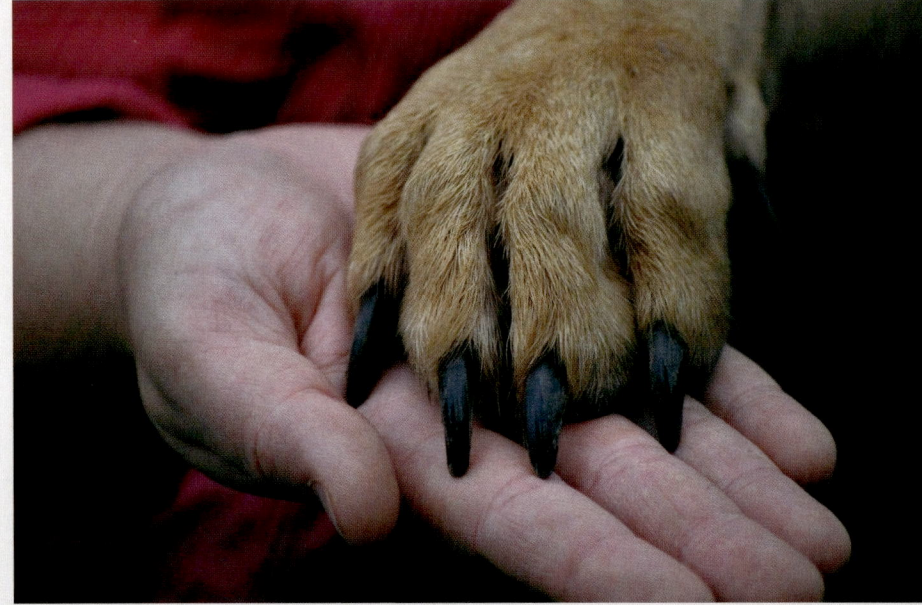

Schritt für Schritt geht es mithilfe der Tube in Richtung Perfektion – so werden Mensch und Hund ein tolles Team!

Wann ist es Zeit für den nächsten Schritt?

Bei den im Folgenden beschriebenen Übungen ist es wichtig, dass Sie jeden Schritt oft genug üben, damit Ihr Hund Sicherheit erlangt, aber nicht so lange, bis er sich langweilt. Wann es Zeit ist für den nächsten Schritt, erkennen Sie daran, wie oft der Hund die Übung in Folge richtig ausführen kann.

Weniger als zwei richtige Wiederholungen in Folge:	Gehen Sie einen Übungsschritt zurück.
Zwei bis vier richtige Wiederholungen in Folge:	Trainieren Sie diesen Übungsschritt weiter.
Fünf richtige Wiederholungen in Folge:	Beginnen Sie mit dem nächsten Übungsschritt.

lauf einer Übung – unterstützt durch ein Handzeichen – richtig zeigt, wird ein Hörzeichen eingeführt.

Hier nun also die von mir empfohlene Reihenfolge für die einzelnen Übungsschritte, wobei Ihr Hund den ersten Schritt für einige Übungen vielleicht schon beherrscht, wenn Sie die Übungen aus dem Kapitel „Bewegungsabläufe formen" mit ihm gemacht haben:

Schritt 1: Erlernen der Körperbewegung

Schritt 2: Die Belohnung ist das Ziel

Schritt 3: Ausdauer üben

Schritt 4: Wechseln der Belohnungshand

Schritt 5: Einführung des Handzeichens

Schritt 6: Keine sichtbare Belohnung

Schritt 7: Einführung des Hörzeichens

Schritt 8: Abbau des Handzeichens

Schritt 9: Abbau der Belohnung (Futtertube)

Während der folgenden Übungen sollen Sie den Hund nicht nur mit der Futtertube, sondern auch immer verbal bestätigen. Dies

> **Lehre mich die Kunst der kleinen Schritte."**
>
> Antoine de Saint-Exupéry (Quelle unbekannt)

können Sie entweder mit einem normalen verbalen Lob machen oder Sie verwenden ein Markerwort, um die Tube anzukündigen. Das geht natürlich nur, wenn der Hund nicht schon zu Beginn des Übungsschrittes an der Tube schleckt. Denken Sie daran, dass auf das Markerwort immer die Belohnung mit der Futtertube folgen muss.

Indoor oder Outdoor?

Ob Regen, Schnee oder Sonnenschein, drinnen oder draußen – mit der Tube kann man immer trainieren. Es gibt also keine Ausreden mehr bei schlechtem Wetter. Denn zum einen ist die Belohnung in der Tube perfekt vor Nässe geschützt und zum anderen kann man mit der Tube auch prima im Haus üben. Gerade die Grundübungen lassen sich gut auch indoor trainieren.

Das Training mit der Tube ist klasse – überall und bei jedem Wetter!

Sitz

Sitz ist eine der geeignetsten Übungen für den Einstieg ins Training. Zum einen bietet der Hund in vielen Situationen das Sitz bereits an – daher ist ihm die Körperbewegung nicht fremd. Zum anderen ist die Übung Sitz die Vorbereitung für nachfolgende Übungen wie Platz oder Steh. Diese drei Übungen ähneln sich im Aufbau sehr – sie bilden eine Art Dreiergespann.

Schritt 1: Erlernen der Körperbewegung

Zu Beginn der Übung steht der Hund am besten neben Ihnen. Nun lassen Sie ihn an der Tube schlecken und bewegen diese, während er schleckt, über seinen Kopf hinweg in Richtung seines Rückens. Natürlich nur so weit, dass der Hund einen leicht gestreckten Hals hat und noch gut an der Tube schlecken kann. Aufgrund der Gewichtsverlagerung wird Ihr Hund sich fast automatisch hinsetzen. Um dieses positive Ergebnis noch zu bestärken, sollten Sie nun verbal loben. Dann nehmen Sie die Tube außer Reichweite und lösen

gleichzeitig das Sitzen durch Ihr Auflösungswort wieder auf.

Wiederholen Sie diesen Übungsschritt mehrmals. Klappt das Hinsetzen fünfmal hintereinander fehlerfrei, können Sie zu Schritt 2 übergehen.

Schritt 2: Die Belohnung ist das Ziel

Halten Sie die Tube so über den Kopf Ihres Hundes, dass er seinen Hals strecken muss und leicht nach oben-hinten schaut. Dank der Schwerkraft wird sich Ihr Hund nun vermutlich von ganz allein setzen. Tut er das beim ersten Mal nicht gleich, schaut die Tube aber mit leicht gestrecktem Hals an, können Sie zunächst auch schon diesen Übungsschritt durch Schleckenlassen an der Tube belohnen. Bestimmt klappt das Sitzen dann bei einem der nächsten Versuche. Dank der entspannenden Wirkung der Tube wird Ihr Hund ruhig sitzen. Heben Sie die Übung bereits nach circa drei bis fünf Sekunden mit Ihrem Auflösungskommando wieder auf.

Wiederholen Sie auch diesen Übungsschritt mehrmals. Erst wenn der Hund ihn fünfmal hintereinander fehlerfrei ausführt, gehen Sie einen Schritt weiter.

Schritt 3: Ausdauer üben

Eigentlich ist Schritt 3 deckungsgleich mit Schritt 2, nur sollte Ihr Hund jetzt länger als fünf Sekunden sitzen bleiben. Belohnen Sie mit der Tube nur ein fehlerfreies Sitzen, belohnen Sie nicht, wenn der Hund zwar sitzt, dabei aber beispielsweise mit der Pfote die Tube erreichen will. Und nicht vergessen: Beenden Sie anschließend das Sitzen durch Ihr Auflösungskommando.

Klappt auch das fünfmal hintereinander feh- lerfrei, geht es weiter mit Schritt 4.

Schritt 4: Wechseln der Belohnungshand
Sind Sie Rechtshänder? Dann haben Sie wahrscheinlich bis jetzt die Tube immer in der rechten Hand gehalten. Ihr Hund wird sich mit seinem Blick mehr und mehr an dieser Hand orientieren. Damit ein richtiges Ausführen der Übung nicht irgendwann da- von abhängt, welche Hand Sie zum Belohnen benutzen, sollten Sie ab diesem Übungsschritt immer wieder die Hand wechseln, mit der Sie die Tube festhalten. Wechseln Sie mal nach einem, mal nach zwei oder auch mal nach drei Durchgängen. Ihr Hund soll keine Re- gelmäßigkeit erkennen können. Achten Sie beim Belohnen auf das richtige Timing, denn damit wird das Training effektiver.

Schritt 5: Einführung des Handzeichens
Die Einführung eines Handzeichens ermög- licht Ihnen, lautlos mit Ihrem Hund zu kom- munizieren. Außerdem können sich Hunde ein Handzeichen schneller und leichter mer- ken als ein Hörzeichen. Ein oft gewähltes Handzeichen für die Übung Sitz ist der aus- gestreckte Zeigefinger.

Gewinnen Sie die Aufmerksamkeit Ih- res Hundes. Zeigen Sie ihm mit einer Hand die Tube und machen Sie mit der anderen Hand Ihr gewähltes Handzeichen. Setzt sich Ihr Hund? Prima – loben Sie ihn und belohnen Sie ihn mit der Tube. Setzt er sich nicht, hel- fen Sie ihm, indem Sie die Tube wieder nach hinten über seinen Kopf führen. Auch wenn er sich jetzt erst setzt: loben und an der Tu- be schlecken lassen. Dann heben Sie das

Porter erlernt mithilfe der Tube die Körperbewegung für das Sitz.

Wichtig

Nicht vergessen!
Trainingspausen sind wichtig. Lieber mehrere kleine Trainingseinheiten über den Tag verteilt als eine lange Trainingseinheit.

Sitzen mit Ihrem Auflösungskommando auf und nehmen gleichzeitig die Tube außer Reichweite.

Wie schon bei den vorigen Schritten gilt: Fünf erfolgreiche Durchgänge in Folge, und weiter geht es.

Schritt 6: Keine sichtbare Belohnung

Zeigen Sie Ihrem Hund kurz die Tube und halten Sie diese anschließend hinter Ihrem Rücken versteckt. Verwenden Sie nun das im letzten Trainingsschritt eingeführte Handzeichen. Der Hund sollte sich daraufhin setzen. Tut er das, loben Sie ihn und lassen ihn im Sitzen an der Tube schlecken. Anschließend lösen Sie die Übung auf und nehmen die Tube weg.

Haben Sie fünfmal hintereinander erfolgreich geübt? Dann weiter mit Schritt 7.

Schritt 7: Einführung des Hörzeichens

Zusätzlich zum Handzeichen erfolgt nun die Einführung des Hörzeichens „Sitz". Zeigen Sie Ihrem Hund erst das Handzeichen und sagen Sie dann „Sitz". Belohnen Sie das Hinsetzen direkt mit der Tube und loben Sie Ihren Hund. Beenden Sie die Übung mit Ihrem Auflösungskommando.

Nach fünf erfolgreichen Durchgängen hintereinander geht es weiter.

Kalle lernt das Handzeichen für Sitz.

Schritt 8: Abbau des Handzeichens

Ab diesem Schritt verwenden Sie nur noch das Hörzeichen „Sitz". Zeigen Sie Ihrem Hund die Tube und sagen Sie „Sitz". Belohnen Sie ein Hinsetzen umgehend mit der Tube, heben Sie anschließend die Übung auf und nehmen Sie die Tube außer Reichweite.

Klappt auch dieser Übungsschritt fünfmal hintereinander fehlerfrei? Dann geht es weiter mit dem letzten Schritt.

Schritt 9: Abbau der Tube

Ihr Hund darf die Tube nicht sehen, Sie halten sie in der Tasche oder hinter Ihrem Rücken versteckt. Sagen Sie nun „Sitz". Für ein erfolgreiches Hinsetzen darf Ihr Hund an der Tube schlecken.

Platz

Bevor Sie mit der Platz-Übung beginnen, sollte Ihr Hund zumindest ein Handzeichen für die Sitz-Übung beherrschen (Schritt 5). Dann wird ihm das Folgende viel leichter fallen. Wie bei der Sitz-Übung ausführlich beschrieben, endet auch hier jeder Schritt mit dem Auflösungskommando und der Tubenbelohnung. Nach fünf gelungenen Wiederholungen eines Schrittes in Folge kann es jeweils zum nächsten Schritt weitergehen.

Schritt 1: Erlernen der Körperbewegung

Lassen Sie Ihren Hund mithilfe der Futtertube Sitz machen. Dabei sollten Sie neben Ihrem Hund, aber diesem zugewandt stehen. Führen Sie nun, während der Hund weiterschleckt, die Tube Richtung Boden zwischen seine Beine. Dabei soll sich der Hund nicht nach vorn bewegen, sondern sich genau an der Stelle hinlegen, wo er vorher gesessen hat. Senkt Ihr Hund zunächst nur seinen Oberkörper, helfen Sie leicht mit Ihrer freien Hand nach, damit er sein Hinterteil ebenfalls Richtung Boden bewegt. Gelobt und belohnt wird, wenn der Hund vollständig im Platz liegt.

Wichtig

Generalisieren ist bei allen hier beschriebenen Übungen ein Muss! Am Beispiel Sitz: Macht Ihr Hund in vertrauter Umgebung ein fehlerfreies Sitz, sollten Sie beginnen, auch an unbekannten Orten zu üben, was anfangs gar nicht so einfach ist. Testen Sie aus, mit welchem Übungsschritt – Schritt 5 ist oft ein guter Einstieg – Sie auswärts am besten beginnen. Klappt ein getesteter Schritt noch nicht, fangen Sie mit einem der vorherigen Schritte an.

Schritt 2: Die Belohnung ist das Ziel

Dieser Schritt ähnelt dem ersten Schritt. Allerdings schleckt der Hund nicht von Beginn an, sondern die Futtertube zeigt ihm nur den Weg vom Sitz ins Platz. Halten Sie Ihrem sitzenden Hund die Tube in einigen Zentimetern Entfernung vor die Nase, aber lassen Sie ihn noch nicht daran schlecken. Führen Sie die

Kalle bleibt dank der Tube ruhig im Platz liegen.

Tube nun wieder in Richtung Boden, sodass der Hund ihr folgt, wobei Sie darauf achten, dass er sich nicht nach vorn bewegt. Senkt Ihr Hund seinen Kopf – und vielleicht sogar auch schon sein Hinterteil –, lassen Sie ihn an der Tube schlecken. Belohnen Sie auch in diesem Schritt zunächst bereits ein leichtes Senken des Kopfes Richtung Boden. Beim nächsten Durchgang sollte die Bewegung in Richtung Boden dann schon ein bisschen deutlicher sein, bevor der Hund schlecken darf. Ziel ist, dass der Hund richtig im Platz liegt und erst

dann Zugang zur Tube bekommt. Dank der entspannenden Wirkung der Tube wird er dann sicher auch ruhig liegen bleiben. Heben Sie die Übung bereits nach drei bis fünf Sekunden auf.

Schritt 3: Ausdauer üben
Dieser Übungsschritt ist fast deckungsgleich mit Schritt 2, nur dass der Hund nun länger als fünf Sekunden im Platz bleiben soll. Belohnen Sie ausschließlich ein fehlerfreies Platz, bei dem der Hund mit seinem gesamten Körper richtig liegt, aber nicht lümmelt.

Schritt 4: Wechseln der Belohnungshand
Damit sich der Hund nicht irgendwann an eine bestimmte Belohnungshand gewöhnt, sollten Sie ab diesem Übungsschritt die Tube mal mit der einen und mal mit der anderen Hand halten. Achten Sie darauf, dass Ihr Hund keine Regelmäßigkeit erkennen kann, das heißt, wechseln Sie nicht immer nach gleich vielen Durchgängen, sondern variieren Sie. Ansonsten funktioniert hier alles wie in Schritt 3. Denken Sie beim Belohnen an das richtige Timing!

Schritt 5: Einführung des Handzeichens
In diesem Schritt wird das Handzeichen eingeführt. Für die Übung Platz ist das meistens die flache ausgestreckte Hand, wobei die Handfläche nach unten zeigt und die Finger leicht nach oben gebogen sind. Nun zeigen Sie Ihrem Hund mit einer Hand die Tube und machen mit der anderen das Handzeichen für Platz. Weil Sie die Platz-Übung schon öfter trainiert haben, weiß Ihr Hund womöglich schon, was kommt, und bietet Ihnen das Platz jetzt

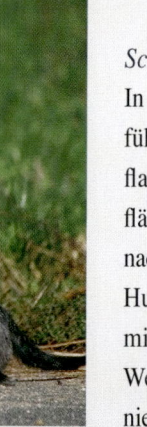

Kalle erlernt das Platz-Handzeichen.

von allein an – wenn nicht, ist das auch nicht schlimm. Dann helfen Sie ihm wie in Schritt 2 und 3, indem Sie die Tube Richtung Boden führen. Und immer, wenn das Platzmachen klappt, Loben und Belohnung nicht vergessen.

Denken Sie auch an die wichtigen Trainingspausen.

Schritt 6: Keine sichtbare Belohnung

Gewinnen Sie die Aufmerksamkeit Ihres Hundes und zeigen Sie ihm dann die Tube, ohne ihn daran schlecken zu lassen. Verstecken Sie nun die Tube hinter dem Rücken oder in Ihrer Tasche. Jetzt machen Sie Ihr bereits eingeführtes Handzeichen, auf das sich Ihr Hund auch ohne sichtbare Belohnung ins Platz legen sollte. Tut er das, kommt die Tube wieder zum Vorschein und es gibt die Belohnung.

Schritt 7: Einführung des Hörzeichens

Nun wird das Hörzeichen eingeführt, das in diesem Schritt noch zusammen mit dem Handzeichen erfolgt. Wichtig ist die Reihenfolge: Erst kommt das Handzeichen und direkt danach folgt das Hörzeichen, in diesem Fall Platz. Hat alles geklappt, gibt es die Tube.

Schritt 8: Abbau des Handzeichens

In diesem Schritt soll das Hörzeichen ohne Ankündigung durch das Sichtzeichen verstanden werden. Sie zeigen Ihrem Hund die Tube und sagen „Platz". Folgt darauf das richtige Verhalten, gibt es sofort die Belohnung. Wichtig ist wie bei allen Schritten, dass der Hund so lange liegend an der Tube schleckt, bis das Auflösungskommando erfolgt. Nehmen Sie die Tube schon vorher außer Reich-

> ### Tipp
>
> Falls der Hund dazu neigt, bei der Übung nach vorn zu robben, macht es besonders viel Sinn, das Platz auf einem Tisch oder einer ähnlichen erhöhten, nicht zu großen Fläche zu üben, denn hier gibt es keine Möglichkeit zum Vorwärtsrobben. Achten Sie bei Ihrer Trainingshilfe auf einen stabilen Stand.

weite, steht Ihr Hund vielleicht zu früh auf. Er würde damit selbst das Ende der Übung bestimmen, was vermieden werden sollte. Die Dauer der Belohnung können Sie immer wieder variieren.

Schritt 9: Abbau der Tube

Die Futtertube befindet sich versteckt in Ihrer Tasche oder hinter Ihrem Rücken. Sie machen Ihren Hund aufmerksam und sagen „Platz". Bei Erfolg nehmen Sie die Tube aus ihrem Versteck hervor und lassen ihn daran schlecken.

Steh

Die Steh-Übung gewinnt immer mehr an Bedeutung, weil sie beispielsweise beim Hundeführerschein gefordert wird. Aus dem Dreiergespann Sitz – Platz – Steh ist das Steh die schwierigste Übung und sollte daher erst begonnen werden, wenn der Hund die anderen beiden Kommandos sicher beherrscht. Das Belohnen und Auflösen der Übung erfolgt wie bei Sitz und Platz, und auch hier sollten fünf erfolgreiche Durchgänge hintereinander genügen, um zum nächsten Schritt übergehen zu können.

Zu Beginn erhält Kalle eine kleine Handhilfe zur Unterstützung.

Schritt 1: Erlernen der Körperbewegung

Da Ihr Hund in vielen Situationen bereits ohnehin steht, beginnen Sie diese Übung bewusst aus dem Sitz und später auch aus dem Platz heraus, denn der Hund soll ja zunächst das Aufstehen als Bewegungsablauf erlernen. Für fortgeschrittene Hunde folgt dann noch das Stehenbleiben aus der Bewegung. In der Sitz-Position darf der Hund an der Futtertube schlecken, wobei Sie am besten neben ihm stehen. Nun ziehen Sie, während der Hund schleckt, die Tube leicht nach vorn. Er sollte idealerweise genau an der Stelle aufstehen und stehen bleiben, wo er zuvor saß. Kommt Ihr Hund anfänglich nicht auf die Idee aufzustehen, können Sie mit der freien Hand leicht unter seinen Bauch fassen, um ihm so Hilfestellung zu leisten. Genau dann, wenn der Hund steht, sagen Sie Ihr Belohnungswort und beenden kurz danach die Übung.

Schritt 2: Die Belohnung ist das Ziel

Im Unterschied zu Schritt 1 schleckt der Hund jetzt nicht mehr gleich zu Beginn an der Tube, sondern diese zeigt ihm lediglich den richtigen Weg aus dem Sitz ins Steh, indem sie einige Zentimeter vor seiner Nase entsprechend geführt wird. Für ein Strecken des Kopfes in Richtung Tube erfolgt ein verbales Lob; erreichen kann der Hund die Tube aber erst, wenn er richtig steht. Achten Sie darauf, dass er bei der Übung nicht nach vorn läuft. Nach drei bis vier Sekunden Schlecken lösen Sie die Übung auf.

Schritt 3: Ausdauer üben

Jetzt soll das korrekte Steh länger als fünf Sekunden gehalten werden. Belohnt wird der Hund nur, wenn er ruhig in der richtigen Position verharrt.

Schritt 4: Wechseln der Belohnungshand

Ab diesem Übungsschritt wird wieder in unregelmäßigen Abständen die Belohnungshand gewechselt, damit der Hund sich nicht an eine Hand gewöhnt. Der restliche Ablauf bleibt gleich.

Schritt 5: Einführung des Handzeichens

Das Steh wird Hunden nicht so häufig beigebracht wie Sitz und Platz, weshalb es dafür kein so etabliertes Handzeichen gibt wie für diese beiden Übungen. Meistens wird aber die flach ausgestreckte Hand mit nach vorn gerichteter Handfläche und zum Boden zeigenden Fingern verwendet. Dieses Zeichen hat den Vorteil, dass es im weiteren Training, etwa bei einem Steh aus der Bewegung, zugleich auch eine optische Stopp-Funktion hat.

Denn der Hund soll das Steh immer prompt ausführen und jede Vorwärtsbewegung sofort unterbrechen.

Für diesen Übungsschritt lassen Sie den Hund Sitz oder Platz machen, halten dann in der einen Hand die Tube und machen mit der anderen das Sichtzeichen für Steh. Bietet Ihnen der Hund von sich aus ein Steh an? Prima, dann punktgenau loben und mit der Tube belohnen. Wenn nicht, kein Problem. Dann helfen Sie ihm wie in Schritt 2 und 3 durch Zeigen des Weges mit der Tube. Für ein korrektes Steh ohne Vorwärtsbewegung erfolgen umgehend das verbale Lob und die Belohnung aus der Tube.

Hier lernt Kalle das Handzeichen für das Steh.

Schritt 6: Keine sichtbare Belohnung

Bei diesem Übungsschritt verstecken Sie zunächst die Tube, bringen Ihren Hund ins Sitz und machen erst dann Ihr Sichtzeichen für Steh. Versteht Ihr Hund nicht gleich, was Sie von ihm wollen, helfen Sie ihm, indem Sie die leere Hand leicht nach vorn führen. Diese Führhilfe müssen Sie allerdings im Verlauf des Übungsschritts wieder abbauen. Achten Sie unbedingt auf das richtige Timing. Lob und Belohnung müssen umgehend erfolgen, wenn der Hund steht.

Schritt 7: Einführung des Hörzeichens

Jetzt kommt das Hörzeichen „Steh" hinzu. Da dieses Kommando akustisch dem „Sitz" sehr ähnlich ist, habe ich mir angewöhnt, das „Sitz" sehr kurz auszusprechen und das „Steeeh" eher lang zu ziehen, denn Hunde orientieren sich nicht an dem genauen Begriff, sondern an der Aussprache und Tonalität.

Ihr Hund sollte sitzen, bevor Sie mit der freien Hand – die andere hält die Tube – das Sichtzeichen für Steh geben und direkt darauf folgend „Steeh" sagen. Die richtige Ausführung wird selbstverständlich direkt belohnt.

Wichtig: Falls Sie Ihren Hund auf einer Prüfung vorstellen möchten, müssen Sie im weiteren Trainingsverlauf dahin kommen, dass Sie das „Steh" wieder normal aussprechen. In einer Prüfung würde diese Form der Aussprache nämlich als Hilfe des Hundeführers bewertet, was einen Punktabzug zur Folge hätte.

Schritt 8: Abbau des Handzeichens

Nach der erfolgreichen Einführung des Hörzeichens entfällt ab jetzt die Hilfe durch das Handzeichen. Aus dem Sitz sollte Ihr Hund nun auf ein „Steeh" aufstehen. Dabei darf er die Tube noch sehen und er wird für das richtige Verhalten auch umgehend daraus belohnt.

Tipp

Gerade bei der Steh-Übung ist die Tube eine nützliche Hilfe, damit Ihr Hund wirklich auf der Stelle steht und nicht kleine Schritte nach vorn macht. Denn mit der Tube können Sie ihn quasi „blocken". Dies wird besonders wichtig, wenn Sie später einmal das Steh aus der Bewegung üben wollen. Die Tube dient dann direkt als Anhaltehilfsmittel.

Schritt 9: Abbau der Tube
Im letzten Schritt soll Ihr Hund die Übung auf das Hörzeichen hin zeigen, ohne dass die Tube in Sichtweite ist.

Schau
Das Herstellen eines Blickkontakts hat viele praktische Vorteile im täglichen Umgang.

Beispielsweise beim Zusammentreffen mit anderen Hunden, aber auch wenn der Hund an der Leine zieht, kann man mit diesem Kommando prima Kontakt zu ihm aufnehmen und so die Situation entschärfen. Außerdem lässt sich das Schau beim Fußlaufen verwenden, um einen routinierten, aber gerade unkonzentrierten Hund wieder aufmerksam zu machen. Im Folgenden wird das Schau in den neun Daumenkinoschritten erklärt. Wieder darf die Belohnung mit der Tube am Ende jedes erfolgreich ausgeführten Schrittes nicht fehlen, und wieder gilt, dass man nach jeweils fünf gelungenen Ausführungen in Folge zum nächsten Schritt übergehen kann. Im Gegensatz zu den Grundübungen ist ein Auflösungskommando hier meiner Meinung nach nicht nötig, denn das Schau löst sich quasi von allein auf. Am besten klappt das Training für diese Übung, wenn der Hund vor oder neben Ihnen sitzt.

Die Tube zeigt Amy, was Schau bedeutet.

Schritt 1: Erlernen der Körperbewegung
Gewinnen Sie die Aufmerksamkeit Ihres vor oder neben Ihnen sitzenden Hundes. Nehmen Sie die Futtertube und lassen Sie ihn daran schlecken. Führen Sie nun die Tube von der Hundeschnauze in Richtung Ihrer Augen und wieder zurück zur Hundeschnauze. Dabei soll ein Blickkontakt zwischen Ihnen und Ihrem Hund entstehen. Bewegen Sie die Tube einige Male zwischen Ihrem Kopf und dem Hundekopf hin und her.

„Finger an die Nase" ist ein prima Handzeichen für das Schau.

Schritt 2: Die Belohnung ist das Ziel
Wieder soll der Hund die Sitz-Position einnehmen. Zeigen Sie ihm nun die Futtertube, ohne ihn schlecken zu lassen. Bewegen Sie die Tube zu Ihren Augen, dann Richtung Hundeschnauze, ohne diese zu berühren, und anschließend wieder zurück zu Ihrem Kopf. Schaut Ihr Hund Sie aufmerksam an, ohne

auf und ab zu hüpfen? Klasse. In dem Moment, wenn Sie beide Augenkontakt haben, loben Sie Ihren Hund und lassen ihn an der Tube schlecken. Hüpft er hingegen, weil er die Tube so toll findet, verstecken Sie diese kurz hinter Ihrem Rücken und beginnen den Übungsschritt 2 von vorn. Alternativ können Sie den Hund auch in seinem Bewegungsdrang durch eine kurz gehaltene Leine begrenzen, sodass er gar nicht die Möglichkeit hat, an Ihnen hochzuspringen.

Schritt 3: Ausdauer üben
In diesem Übungsschritt soll der Hund den Augenkontakt schon etwas länger halten, bevor er an der Futtertube schlecken darf. Halten Sie also die Tube länger in der Nähe Ihres eigenen Kopfes und bewegen Sie sie erst nach einigen Sekunden zum Belohnen wieder in Richtung Hundeschnauze – vorausgesetzt, Ihr Hund schaut Sie auch tatsächlich an.

Schritt 4: Wechseln der Belohnungshand
Achten Sie ab jetzt darauf, die Tube nicht mehr nur in Ihrer „Lieblingshand" zu halten, sondern die Hand, mit der Sie die Tube führen, in unregelmäßigen Abständen zu wechseln. Ansonsten bleibt alles wie in Schritt 3.

Schritt 5: Einführung des Handzeichens
Auch für diese Übung gibt es nicht „das" allseits bekannte Handzeichen. Ich klopfe anfangs mit dem Zeigefinger auf meine Nase, später lege ich den Finger dann nur noch auf die Nase. Halten Sie die Futtertube für den Hund sichtbar in einer Hand und machen Sie mit der anderen Ihr Handzeichen, während Sie die Tube in Richtung Ihres Kopfes und dann zurück zur Nase des Hundes führen. Sie und Ihr Hund sollten dabei die ganze Zeit Augenkontakt haben. Für den ausdauernden Blick gibt es dann das verbale Lob sowie die Belohnung aus der Tube.

Schritt 6: Keine sichtbare Belohnung
Diesmal kommt das Handzeichen, ohne dass der Hund die Tube sieht. Sobald Ihr Hund Blickkontakt herstellt und hält, loben Sie ihn verbal, nehmen die Futtertube hervor und lassen ihn zur Belohnung schlecken.

Schritt 7: Einführung des Hörzeichens
In diesem Schritt kann die Futtertube als Unterstützung wieder für den Hund sichtbar gehalten werden. Sie machen nun das in Schritt 5 eingeführte Handzeichen und sagen fast gleichzeitig das Kommando „Schau". Für einen Blickkontakt gibt es sofort ein verbales Lob und die Bestätigung durch Schlecken an der Futtertube.

Schritt 8: Abbau des Handzeichens
Ab jetzt wird nur noch das Hörzeichen ohne ein Handzeichen verwendet. Zeigen Sie Ihrem Hund die Futtertube und nennen Sie Ihr gewähltes Kommando. Direkt beim Blickkontakt loben Sie verbal und belohnen den Hund mit der Futtertube.

Schritt 9: Abbau der Belohnung
Im letzten Schritt soll nun der vor oder neben Ihnen sitzende Hund das Kommando ausführen, ohne dass er die Tube sieht. Ihr Hund schaut Sie auf Ihr Kommando hin sofort an? Toll, dann gibt es auch direkt ein verbales Lob und die Futtertube als Belohnung.

Komm und Hier mit Vorsitzen
Ein gut funktionierender Rückruf macht das Zusammenleben um vieles einfacher und Spaziergänge deutlich entspannter. Es gibt zwei Formen des Rückrufs: Zum einen ein zielstrebiges Zurückkommen zum Hundehalter ohne Vorsitzen (Kommando: „Komm") und zum anderen ein zielstrebiges Zurückkommen mit Vorsitzen vor dem Hundeführer (Kommando: „Hier"). Letzteres wird beispielsweise für die Begleithundeprüfung benötigt. Im Folgenden wird das Hier mit Vorsitzen beschrieben; wenn Sie ein Komm trainieren möchten, lassen Sie das Vorsitzen weg. Bis der Rückruf gut klappt, sollten Sie ihn nur auf eingezäunten Trainingsflächen üben oder den Hund alternativ mit einer langen Schleppleine sichern. Belohnen und Auflösen des Kommandos stehen auch hier wieder am Ende jedes Übungsschritts. Waren Sie und Ihr Hund fünfmal hintereinander erfolgreich, folgt der jeweils nächste Schritt.

Schritt 1: Erlernen der Körperbewegung
Zeigen Sie Ihrem Hund die Futtertube und
lassen Sie ihn an dieser schlecken. Gehen Sie
nun rückwärts, sodass Ihr Hund Ihnen und der
Tube folgt, ohne dabei den Kontakt zur Tube
zu verlieren. Halten Sie nun an und führen Sie
gleichzeitig die Tube leicht über den Hund,
damit er sich gerade vor Sie hinsetzt. Richtiges Verhalten wird gelobt und belohnt. Später
in Prüfungen darf an dieser Stelle übrigens
kein Kommando für Sitz erfolgen, also benutzen Sie es erst gar nicht, sondern führen Sie
den Hund wirklich nur mit der Tube.

Schritt 2: Die Belohnung ist das Ziel
Jetzt gehen Sie wie in Schritt 1 mit der Tube
rückwärts und lassen Ihren Hund folgen,
allerdings soll er diesmal noch nicht daran
schlecken. Das darf er erst, wenn er Ihnen
einige Meter gefolgt ist. Dann stoppen Sie,
lassen ihn schlecken und führen die Tube dabei über seinen Kopf, damit er sich vor Sie
hinsetzt. Auch im Sitzen darf der Hund noch
ein Moment lang weiterschlecken und wird
zudem gelobt, dann wird die Übung aufgelöst.

Schritt 3: Ausdauer üben
Bei dieser Übung geht es im dritten Schritt
eher um Distanzverlängerung als um Ausdauer. Das bedeutet, Sie wollen aus den wenigen
Metern Rückwärtslaufen ein paar Meter mehr
machen. Schließlich soll der Hund später auch
aus großer Entfernung zu Ihnen zurückkommen. Wenn es Ihnen leichter fällt, können
Sie statt rückwärtszulaufen auch seitlich zum
Hund gewandt vorwärtslaufen.

Zeigen Sie Ihrem Hund nun die Futtertube und laufen Sie ihm dann davon. Er wird

*Kalle läuft freudig zu seinem Frauchen, denn dort
erwartet ihn die Futtertube.*

Ihnen sicher folgen, denn er will ja die Tube erreichen. Stoppen Sie nach einigen Metern und drehen Sie sich so zu Ihrem Hund, dass er sich vor Sie hinsetzen kann. In dieser Position darf er nun einige Zeit an der Tube schlecken. Die meisten Hunde haben durch Schritt 1 und 2 bereits gelernt, sich an dieser Stelle vor ihren Menschen zu setzen. Klappt es nicht auf Anhieb, helfen Sie Ihrem Hund noch mal, indem Sie die Tube leicht über seinen Kopf führen und ihn erst dann schlecken lassen, wenn er richtig sitzt.

Schritt 4: Wechseln der Belohnungshand
Jetzt ist es wieder an der Zeit, die Belohnungshand öfter mal zu wechseln. Ansonsten bleibt alles wie in Schritt 3 beschrieben.

Schritt 5: Einführung des Handzeichens
Da Heranrufen immer etwas mit Bewegung zu tun hat, gefällt mir persönlich hierfür ein Handzeichen, das Bewegung darstellt. Bei Welpen klatsche ich in die Hände, und bei älteren Hunden klopfe ich mir mit der flachen Hand auf den Bauch (besonders gut geeignet für ein gerades Vorsitzen, denn die Hand befindet sich dabei mittig vor dem Körper) oder auf das Schlüsselbein.

Tipp

Der Hund soll lernen, möglichst gerade vorzusitzen. Sitzt er schräg, machen Sie – vor dem Belohnen – noch einen weiteren Schritt nach hinten. Beim Nachrücken werden die meisten Hunde ganz automatisch gerade.

Warten Sie nun, bis Ihr Hund ein Stück weit von Ihnen entfernt ist, und machen Sie Ihr ausgewähltes Handzeichen mit der freien Hand. Zur Unterstützung können Sie anfangs zusätzlich mit der in der anderen Hand gehaltenen Tube winken. Kommt Ihr Hund auf Sie zu? Prima – loben Sie Ihn verbal und lassen Sie ihn mithilfe der Tube vorsitzen. Kommt er nicht auf Anhieb, helfen Sie ihm, indem Sie „vor ihm weglaufen". Natürlich nur einige Schritte, bis er Ihnen folgt. Loben und motivieren Sie ihn für Schritte in die richtige Richtung verbal mit Ihrem Belohnungswort. Bei Ihnen angekommen, lassen Sie ihn vorsitzen und an der Tube schlecken.

An dieser Stelle ein wichtiger Hinweis: Achten Sie im weiteren Trainingsverlauf darauf, bei dieser Übung immer mit geschlossenen Beinen zu stehen. Denn nur so gilt das Hier im Prüfungsfall als korrekt ausgeführt. Wenn Sie immer mit offener Beinstellung üben, wird diese zu einem nonverbalen Signal – der Hund verknüpft sie mit der Übung und wird wahrscheinlich irritiert sein, wenn Sie in einer Prüfung auf einmal mit geschlossenen Beinen dastehen.

Schritt 6: Keine sichtbare Belohnung
Nehmen Sie die Tube aus dem Sichtfeld des Hundes – hinter Ihren Rücken oder ab in die Tasche. Warten Sie, bis der Hund einige Meter von Ihnen entfernt ist, und machen Sie das im letzten Schritt eingeführte Handzeichen. Bewegt sich der Hund in Ihre Richtung, motivieren Sie Ihn mit einem verbalen Lob. Dann folgen: Vorsitzen – an der Tube schlecken – fertig!

Schritt 7: Einführung des Hörzeichens
Wieder machen Sie aus einiger Entfernung
zum Hund Ihr Handzeichen, und diesmal sagen Sie direkt danach auch das Kommando
„Hier". Die Futtertube kann zur Unterstützung im Sichtfeld des Hundes sein. Schon
während des Herankommens loben Sie Ihren
Hund mit Worten für das Vorsitzen, bei Ihnen
gibt es dann auch die Tube.

Schritt 8: Abbau des Handzeichens
Nach erfolgreicher Einführung des Hörzeichens wird nun das Handzeichen als Hilfestellung abgebaut. Sie sagen „Hier" und halten dabei die Tube für den Hund sichtbar in
der Hand. Der restliche Ablauf ist klar: Hund
kommt, sitzt vor, wird gelobt und belohnt.

*Kalle beherrscht
die Hier-Übung
schon ganz toll. Er
ist herangekommen
uns sitzt gerade vor,
obwohl er die Tube
nicht sieht.*

Schritt 9: Abbau der Tube
Nun sollte das „Hier" auch ohne Tube klappen. Ziel ist, dass der Hund zügig zu Ihnen
kommt und gerade vorsitzt. Loben Sie anfangs immer bereits das zielstrebige Heran-
kommen mit Ihrer Stimme. Für das Vorsitzen
gibt es umgehend die Tube – aber nur für
gerades Vorsitzen. Sitzt der Hund schräg,
machen Sie einen Schritt nach hinten, sodass
der Hund nachrücken muss und dabei gerade
wird. Jetzt gibt es die Tube.

Grundstellung

Die Grundstellung ist in Prüfungen die Ausgangsposition für alle Übungen, unter anderem auch für das Fußlaufen, ob frei oder an
der Leine. Immer bevor man gemeinsam losgeht, sitzt der Hund in der Grundstellung links
neben dem Hundeführer. Das Kommando ist
gerade für Menschen, die das zum ersten Mal

mit einem Hund üben, etwas verwirrend, denn
es lautet nicht etwa „Grundstellung", sondern
„Fuß", auch wenn man gar nicht losgeht. Das
Kommando „Fuß" ist also doppelt belegt, einmal für das Einnehmen der Grundstellung und
einmal für das gemeinsame Loslaufen – je
nachdem, in welcher Position sich der Hund

Tipp

Folgt Ihnen Ihr Hund unentwegt, sodass Sie
gar keine Gelegenheit haben, ihn aus einiger
Entfernung zu rufen, sollten Sie das „Hier"
oder „Komm" mit einer zweiten Person üben.
Diese hält den Hund am Halsband oder
Geschirr fest, bis Sie sich entfernt haben. Dann
machen Sie das Handzeichen und/oder sagen
das Kommando – in diesem Moment lässt die
zweite Person Ihren Hund los.

gerade befindet. Häufig wird die Grundstellung deshalb nicht separat geübt, sondern direkt zusammen mit dem Fußlaufen. Meiner Ansicht nach ist es aber wichtig, die Grundstellung zunächst für sich zu festigen, ansonsten kann es leicht passieren, dass der Hund aus der Grundstellung heraus jedes Mal von allein mit dem Fußlaufen beginnt, ohne auf seinen Hundeführer zu warten.

Die Aufgabe des Hundes ist bei der Grundstellung also kurz gesagt: Springe links neben mich in die Sitzposition und sei startklar. Warte aber so lange, bis ich erneut das Kommando „Fuß" gebe und losgehe. Auch bei dieser Übung enden die einzelnen Schritte mit der Futterbelohnung aus der Tube und dem Auflösungskommando. Fünf Mal erfolgreich geübt = weiter zum nächsten Schritt!

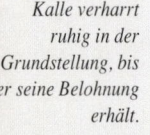

Kalle verharrt ruhig in der Grundstellung, bis er seine Belohnung erhält.

Schritt 1: Erlernen der Körperbewegung

Zu Beginn der Übung sollte der Hund vor Ihnen sitzen oder stehen und an der Futtertube schlecken. Ziel ist es nun, ihn mithilfe der Tube in einem Bogen in die Sitzposition links neben Ihnen zu führen. Stellen Sie sich dabei vor, Sie würden mit der rechten Hand, beginnend vor Ihrem Körper, mit der Tube einen Tropfen neben Ihre linke Seite malen. Ihr Hund folgt so der Tube in die richtige Position. Wichtig ist, dass er am Ende möglichst nah bei Ihnen sitzt, am besten mit Körperkontakt zu Ihrem Bein. Loben Sie ihn dabei verbal und lassen Sie ihn an der Tube schlecken.

Schritt 2: Die Belohnung ist das Ziel

Dieser Schritt ähnelt dem vorherigen Schritt. Anfangs lassen Sie Ihren Hund noch an der

Tube schlecken, malen dann aber den Tropfen mit der Tube so, dass Ihr Hund erst wieder schlecken kann, wenn er tatsächlich die Grundstellung eingenommen hat.

Schritt 3: Ausdauer üben
Nun soll der Hund die Position nicht nur einnehmen, sondern auch länger als zwei Sekunden darin verharren – so lange, bis Sie die Übung auflösen.

Sicher haben Sie sich mittlerweile gefragt, warum ich in der Einleitung davon spreche, dass der Hund links neben den Hundeführer „springen" soll, denn bis jetzt läuft er ja einen Bogen – üben Sie einfach Schritt für Schritt weiter, und Sie werden feststellen, dass das direkte In-Position-Springen sich im Lauf der Zeit fast wie von selbst einstellt.

Schritt 4: Wechseln der Belohnungshand
Halten Sie nun die Futtertube abwechselnd mal in der einen und mal in der anderen Hand, damit keine Gewöhnung an eine Hand eintritt. Achten Sie darauf, dass Sie die Tube nach dem „Malen" des Tropfens leicht nach oben halten, damit Ihr in der Grundstellung sitzender Hund Sie anschaut.

Schritt 5: Einführung des Handzeichens
Nehmen Sie nun die Futtertube in die rechte Hand und lassen Sie Ihren rechten Arm am Körper herunterhängen. Der Hund sollte vor Ihnen sitzen. Mit der freien linken Hand „malen" Sie wieder – diesmal ohne Tube – einen Tropfen. Ihr Hund sollte nun auch der leeren Hand folgen. Sobald er in der Grundstellung sitzt, belohnen Sie ihn mit der Tube und verbal.

Schritt 6: Keine sichtbare Belohnung
Die Tube bleibt jetzt in der Tasche oder hinter dem Rücken versteckt, der Hund sitzt wieder vor Ihnen. Jetzt kommt das Handzeichen aus Schritt 5, das in diesem Fall gleichzeitig eine Führungshilfe für den Hund darstellt. Für richtiges Einnehmen der Grundstellung gibt es die Tube.

Schritt 7: Einführung des Hörzeichens
Sie halten die Tube in der rechten Hand und geben mit Ihrer linken Hand das Handzeichen für die Grundstellung. Direkt darauf folgt das Kommando „Fuß". Hat es geklappt, gibt es die Tube.

Schritt 8: Abbau des Handzeichens
Ab jetzt fällt das Handzeichen weg. Der vor Ihnen sitzende Hund soll nun allein auf das Hörzeichen „Fuß" die gewünschte Position einnehmen. Klappt es noch nicht, gehen Sie noch mal einen Übungsschritt zurück.

Schritt 9: Abbau der Belohnung
Im letzten Schritt ist die Futtertube für den Hund nicht mehr sichtbar. Sie kommt erst zum Vorschein, wenn der Hund auf Ihr Kommando hin die Grundstellung eingenommen hat.

Führt Ihr Hund die Grundstellung wirklich sicher aus, erfolgt die Tube nur noch in unregelmäßigen Abständen als Belohnung. In den anderen Fällen geht es gleich mit dem Fußlaufen weiter. Erst diese wird dann mit der Tube belohnt.

Fußlaufen aus der Grundstellung
Wie bereits erwähnt ist die Grundstellung die Ausgangsposition für das Fußlaufen.

Info

Mit und ohne Leine

In manchen Prüfungen werden die Grundstellung und das Fußlaufen mit und ohne Leine gefordert. Deshalb sollten Sie beides mal mit und mal ohne Leine üben. Denn auch die Leine stellt für den Hund eine Veränderung der Übung da, an die er sich erst gewöhnen muss.

Das Ziel ist nun Folgendes: Sobald Sie „Fuß" sagen und loslaufen, läuft auch der Hund aus der Grundstellung los und läuft so lange direkt neben Ihnen her, bis Sie anhalten. Dann nimmt er selbstständig – also ohne dass Sie noch mal ein Kommando geben – wieder die Grundstellung an Ihrer linken Seite ein. Belohnung und Auflösungskommando erfolgen auf jeden Fall nach dem Anhalten und Einnehmen der Grundstellung.

Der wichtige Unterschied zwischen einem richtigen Fußlaufen und einem einfachen „Nebenherlaufen" (hierfür bietet sich als Kommando „mit mir" an) ist, dass der Hund beim Fußlaufen ganz leichten Körperkontakt zum Bein des Hundeführers hält. In Prüfun-

Zira streckt sich, um in die richtige Fußposition zu kommen.

gen wird zudem meistens ein freudiges und aufmerksames Fußlaufen mit Blickkontakt zum Hundeführer erwartet.

Tipp: Damit der Hund lernt, gerade an Ihrer linken Seite zu laufen, üben Sie am besten zunächst mit einer Begrenzung links vom Hund. Hierzu eignen sich Mauern, Wände oder Zäune. Achten Sie aber darauf, dass der Hund sich nicht bedrängt fühlt. Er soll sich frei bewegen, aber nicht schräg laufen können.

Schritt 1: Erlernen der Körperbewegung

Los geht es aus der Grundstellung heraus. Der Hund sitzt also links neben Ihnen und darf dabei an der Tube schlecken. Nun gehen Sie los, wobei Sie immer mit dem linken Fuß starten, und halten die Tube so, dass der Hund konstant auf gleicher Höhe Ihrem linken Bein folgen kann. Laufen Sie geradeaus, biegen Sie auch mal rechts oder links ab oder laufen Sie eine Acht, aber laufen Sie bitte keinen Marathon, sondern jeweils nur kurze Einheiten. Sobald Ihr Hund neben Ihnen in der Fußposition läuft, loben Sie ihn verbal. Nach einigen Metern halten Sie an. Der Hund soll sich wieder in die Grundstellung setzen. Klappt dies nicht auf Anhieb, helfen Sie nach, indem Sie – wie bei der Sitzübung – die Futtertube leicht über dem Kopf des Hundes nach hinten ziehen.

Schritt 2: Die Belohnung ist das Ziel

Starten Sie wieder aus der Grundstellung heraus und lassen Sie den Hund kurz an der Tube schlecken, bevor Sie diese in circa 30 Zentimetern Höhe über dem Hundekopf halten. Ihr Hund sollte sich jetzt aber nicht zu einem hüpfenden Gummiball verwandeln, um an die Tube zu kommen. Gehen Sie wieder ein paar Schritte – denken Sie daran, mit dem linken Bein zu beginnen. Ihr Hund soll möglichst auf gleicher Höhe mit dem Bein links neben Ihnen der Tube folgen. Loben Sie ihn, sobald er in einer schönen Position läuft, und lassen Sie ihn schon nach wenigen Metern an der Tube schlecken. Achten Sie beim Anhalten wieder darauf, dass Ihr Hund die Grundstellung einnimmt.

Schritt 3: Ausdauer üben

Das nächste Ziel ist nun, mehr als nur ein paar Meter gemeinsam Fuß zu laufen. Anfangs kann man den Hund bei längeren Strecken ruhig auch zwischendurch mal an der Tube schlecken lassen. Denken Sie am Ende an die Grundstellung und das Auflösungskommando.

Schritt 4: Wechseln der Belohnungshand

Auch wenn Sie Rechtshänder sind, haben Sie bei dieser Übung die Futtertube vermutlich in der linken Hand gehalten. Versuchen Sie es nun aber auch mal mit der Tube in der rechten Hand. Achten Sie darauf, dass Ihr Hund nicht anfängt, schräg zu laufen. Passiert das, halten Sie die Tube etwas weiter nach links – so wird der Hund wieder eine gerade Laufrichtung einnehmen.

Schritt 5: Einführung des Handzeichens

Halten Sie die Tube erst mal in der rechten Hand. Starten Sie wieder aus der Grundstellung heraus und klopfen Sie direkt vor dem Losgehen leicht mit Ihrer linken Hand seitlich auf Ihren eigenen Oberschenkel. Auch wenn der Hund Ihre Hand nicht frontal sehen kann, nimmt er das Handzeichen wahr. Wenn

Kalle zeigt ein korrektes Fuß, um die Tube zu erhalten.

es Ihnen leichter fällt, können Sie während des Laufens die Tube in die linke Hand wechseln. Klappt alles prima, wird der Hund gelobt und mit der Futtertube bestätigt. Beim Anhalten die Grundstellung nicht vergessen.

Schritt 6: Keine sichtbare Belohnung

Auf das im vorigen Schritt eingeführte Handzeichen soll Ihr Hund nun aus der Grundstellung mit Ihnen loslaufen, ohne dass er dabei die Tube sieht. Fürs Erste reichen ein paar Schritte, bis das Anhalten und die erneute Grundstellung folgen. Weiter zum nächsten Schritt geht es dann, wenn das Fußlaufen auch über eine längere Entfernung ohne sichtbare Tube klappt.

Schritt 7: Einführung des Hörzeichens

Nun folgt direkt auf das Handzeichen zum Loslaufen das Kommando „Fuß", dann geht es vorwärts. Bei Startschwierigkeiten können Sie anfangs wieder die Tube als Motivationswerkzeug verwenden. Nach einigen Wiederholungen sollte es genügen, wenn Sie die Tube erst am Ende der Übung hervorholen.

Schritt 8: Abbau des Handzeichens

Ab jetzt verzichten Sie auf das Handzeichen. Das Fußlaufen beginnt aus der Grundstellung mit dem Kommando „Fuß". Die Futtertube befindet sich als Motivation in Sichtweite des Hundes, schlecken darf er aber nicht. Nach erfolgreichem gemeinsamen Bewältigen einiger Meter gibt es die Belohnung – idealerweise erst, wenn Sie angehalten haben und der Hund in der Grundstellung sitzt.

Schritt 9: Abbau der Belohnung
Jetzt soll der Hund die gesamte Übung auch ohne sichtbare Futtertube ausführen. Starten Sie wieder aus der Grundstellung heraus. Sagen Sie das Kommando „Fuß" und gehen Sie mit dem linken Fuß los. Loben Sie Ihren Hund anfangs bereits nach ein paar richtigen Schritten. Beenden Sie die Übung mit der Grundstellung, und wirklich erst dann gibt es die Tube.

Tempowechsel: langsam – normal – schnell
Klappt auch der letzte Schritt gut, können Sie zusätzlich das Tempo beim Fußlaufen variieren. Das wird in einigen Prüfungen gefordert. Vor jedem Wechsel dürfen Sie erneut das Kommando „Fuß" verwenden. Ähnlich wie bei der Übung Steh betone ich das Kommando hier unterschiedlich. „Fuuß" = Normalschritt, „Fuuuuß" = langsam, „Fuß" = schneller Schritt. So wird der Hund schon akustisch auf den Tempowechsel vorbereitet. (Achtung, für Prüfungen müssen Sie diese kleine Hilfe wieder abbauen.) Das bedeutet, Sie beginnen nach dem Kommando mit einem Normalschritt, werden dann ein paar Schritte langsamer, um danach die Schritte wieder schneller auszuführen. Der Hund sollte dabei Ihr Tempo halten. Hat er dabei anfangs Schwierigkeiten, nehmen Sie wieder die Tube zur Hilfe. Wenn Sie diese immer auf gleicher Höhe halten und den Hund daran schlecken lassen, wird er bald auch Tempowechsel freudig mitmachen.

Grundstellung und Fuß zusammensetzen
Nun müssen Sie nur noch die Grundstellung und das Fußlaufen wie ein Puzzle zusammensetzen. Sagen Sie das „Fuß", wenn Ihr Hund vor Ihnen sitzt. Daraufhin sollte er die Grundstellung einnehmen. Wenn Sie dann erneut das Kommando „Fuß" sagen, soll er mit Ihnen vorwärtslaufen, und wenn Sie anhalten, automatisch wieder die Grundstellung einnehmen.

Info

Wie die einzelnen Übungen später zusammenfinden …

… sei hier einmal am Beispiel der fortgeschrittenen Übung „Platz aus der Bewegung mit anschließendem Heranrufen" erklärt: Man beginnt mit der Grundstellung, die der Hund auf das Kommando „Fuß" einnimmt. Auf ein erneutes „Fuß" laufen Mensch und Hund los. Als Nächstes erfolgt das Kommando „Platz", woraufhin der Hund die gewünschte Position einnimmt, während der Mensch einige Schritte weiter geradeaus geht und sich dann umdreht. Auf das Kommando „Hier" läuft der Hund freudig und zielstrebig zu seinem Hundeführer und sitzt vor. Schließlich erfolgt dann wieder das Kommando „Fuß", und der Hund nimmt erneut die Grundstellung ein.

Dieses Beispiel verdeutlicht zudem, dass nicht jede Übung mit einem Auflösungskommando enden muss, sondern die Übungen in diesem Fall jeweils durch die neue Übung beendet werden. Der Hund lernt eine sogenannte Verhaltenskette, bei der ein fortgeschrittener Hund sogar erst ganz am Ende belohnt wird.

Weitere Einsatzgebiete für die tolle Tube

Die Futtertube ist also ein tolles Hilfsmittel für die Grunderziehung und beim Training für Prüfungen, aber es gibt noch viele weitere Gelegenheiten, bei denen Sie mit der Futtertube arbeiten können. Diese sollen hier kurz vorgestellt werden.

Beim Spaziergang

Hier kommt die Tube vor allem bei Begegnungen mit Artgenossen zum Einsatz, denn sie schafft Ablenkung und hilft so in vielen Fällen, Aggression oder Unsicherheit gar nicht erst aufkommen zu lassen. Naht ein anderer Hund, zücken Sie die Tube und lassen Ihren Hund daran schlecken. So verhindern Sie nicht nur eine aggressive Reaktion, sondern belohnen auch gleichzeitig, dass Ihr Hund sich dem Artgenossen gegenüber neutral verhalten hat. Die Tube wirkt also gleich doppelt positiv: Der Spaziergang wird nicht

ideal. Sie können den Hund damit nicht nur belohnen, sondern auch neue Bewegungen wie zum Beispiel eine Drehung formen. Orientieren Sie sich dabei am besten an der Daumenkinomethode aus dem vorigen Kapitel.

Einsatz beim Antijagdtraining

Hier kann die Tube gut als Belohnung bei dem oft notwendigen intensiven Training eingesetzt werden, und zudem dient sie der Ablenkung: Das Schlecken an der tollen Tube lässt den Wildduft bei so manchem Hund zumindest vorübergehend in Vergessenheit geraten, und auch der Blick des Hundes lässt sich damit prima von im Dickicht stehenden Wildtieren ablenken. Bitte beachten Sie dabei: Die Tube ersetzt gerade zu Beginn des Trainings nicht die Leine. Sie kann das Wild aber sozusagen in den Hintergrund treten lassen und ist zudem ein toller Jackpot für einen erfolgreichen Rückruf.

jedes Mal zum Spießrutenlauf und gleichzeitig können Sie angenehmeres Verhalten trainieren.

Spiel und Spaß mit der Tube

Ganz toll eignet sich die Futtertube für Suchspiele beim Spaziergang: Verteilen Sie an den unterschiedlichsten Orten kleine Pastenkleckse und lassen Sie Ihren Hund diese erschnüffeln. Auch zum Erlernen von Tricks ist die Tube

Autofahren

Ihr Hund regt sich allein beim Anblick der offenen Autotür schon auf und möchte am liebsten wieder umdrehen? Lassen Sie ihn kurz vorm Einsteigen ein wenig an der Tube nuckeln, dann wird er sich entspannen. Und nach dem Reinspringen/Reinheben ins Auto darf noch mal geschleckt werden – vielleicht ist das Autofahren schon bald nicht mehr so schlimm.

Beim Tierarzt

Mit der Futtertube wird der Tierarztbesuch für so manchen Hund zu einem angenehmeren Erlebnis. Denn sie entspannt und beschäftigt den Hund sowohl im Wartezimmer als auch im Behandlungsraum. Stillhalten ist dank der Tube auf einmal ganz leicht!

Fiebermessen

Auch zu Hause beim Fiebermessen, das beim Hund am zuverlässigsten rektal erfolgt, ist die Tube eine prima Ablenkung. Am besten üben Sie das Fiebermessen schon vom Welpenalter an, denn die Temperatur des Hundes ist ein guter Indikator, ob alles in Ordnung ist oder etwas nicht stimmt. Lernt Ihr Hund bereits früh, dass Fiebermessen etwas ganz Normales ist, fällt es ihm bei Bedarf auch nicht so schwer, dabei stillzuhalten.

Mantrailing

Beim Mantrailing wird das Suchen und Auffinden vermisster Personen trainiert.Am Am Ende jeder Suche, des sogenannten Trails, bekommt der suchende Hund von der gefundenen Person eine grandiose Belohnung. Hierfür ist die Futtertube perfekt. Sie kann ganz nach dem individuellen Geschmack des jeweiligen Hundes befüllt werden, lässt sich von der „vermissten" Person prima transportieren und das Schlecken entspannt den Hund nach getaner Arbeit – der optimale Jackpot!

Clickertraining

Beim Clickertraining erhält der Hund für jeden Klick eine Belohnung. Gerade wenn man viel trainiert oder an einem Seminar teilnimmt, kommt da trotz klein geschnittener Leckereien schnell eine ganz ordentliche Futtermenge zusammen. Füllen Sie doch lieber eine Tube mit der Lieblingspaste Ihres Hundes und lassen Sie ihn für jeden Klick kurz schlecken. So nimmt er immer nur eine kleine Futtermenge auf, ist dadurch nicht so schnell satt und bleibt länger motiviert.

Welpenaufzucht

In unserer Zucht kommt die Futtertube während der ersten Tage des Zufütterns zum Einsatz. Gerade bei den schwächsten Welpen im Wurf gelingt die Umstellung von Muttermilch auf feste Nahrung dank der Futtertube schneller.

Vincent erhält für das erfolgreiche Auffinden der Versteckperson die Futtertube.

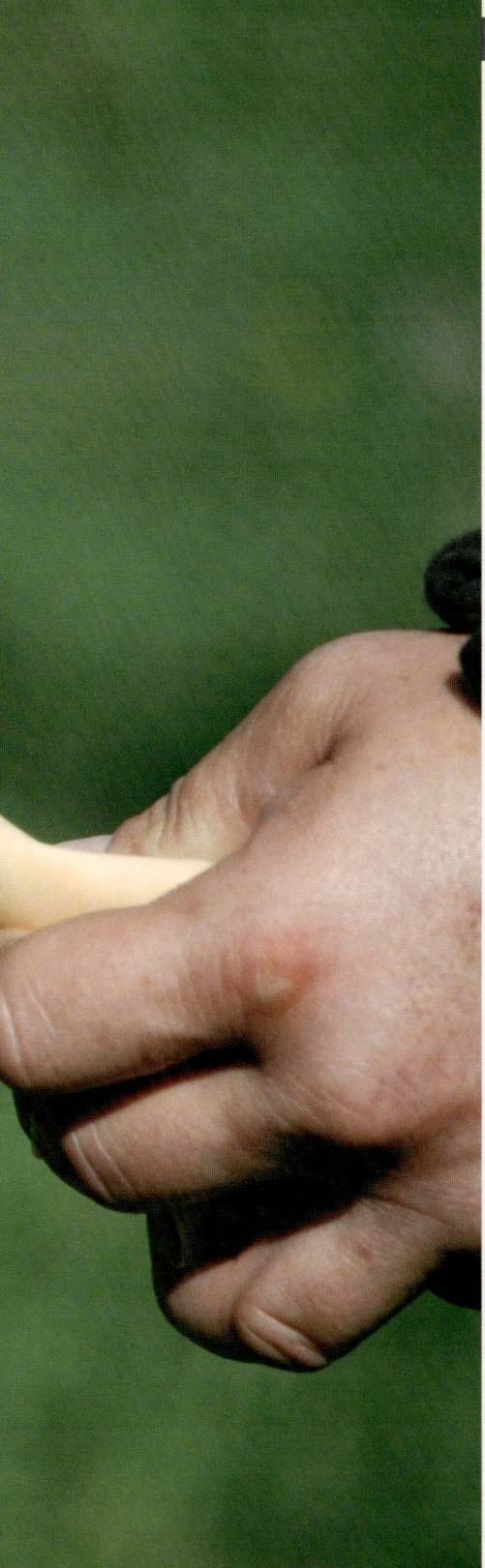

Anhang

Das Wichtigste in Kürze

- Achten Sie beim Belohnen – egal ob mit Futter oder verbal – auf das richtige Timing!
- Seien Sie kreativ bei der Wahl der Tubenfüllungen!
- Bleiben Sie ruhig und geduldig – ob Zwei- oder Vierbeiner, jeder kann mal einen schlechten Tag erwischen!
- Beenden Sie das Training immer mit einem Erfolg!
- Unterteilen Sie das Training besser in viele kurze, über den Tag verteilte Einheiten statt einer langen Einheit pro Tag!
- Bleiben Sie im Alltag und bei der Ausbildung so konsequent wie nur möglich!
- Stellen Sie die Freude am Training in den Vordergrund – für sich und Ihren Hund!

Danke!

Vielen Dank allen Vierbeinern und natürlich auch Zweibeinern, die es mir ermöglicht haben, dieses Buch zu veröffentlichen!

Quellenangaben

Bodemann, Guy/Perrez, Meinrad/Schär, Marcel: Klassische Lerntheorien. Grundlagen und Anwendungen in Erziehung und Psychotherapie. Verlag Hans Huber, 2011 – 2. überarbeitete Auflage.

Meyer, Helmut/Zentek, Jürgen: Ernährung des Hundes. Grundlagen – Fütterung – Diätetik. Enke Verlag, 2010 – 6. vollständig überarbeitete Auflage.

Watzlawick, Paul/Beavin, Janet H./Jackson, Don D.: Menschliche Kommunikation. Verlag Hans Huber, 1969.

Trainingsplan für die Grundkommandos (zum Kopieren)

Hundename: _____ Trainingsort: _____ Tubeninhalt: _____

Übung:
( ) Sitz   ( ) Platz   ( ) Steh   ( ) Hier   ( ) Schau   ( ) Grundstellung   ( ) Fuß

Trainingsstand:
Zuletzt trainierter Übungsschritt _____ Anzahl der fehlerfreien Wiederholungen _____

Trainingsziel:
Übungsschritt _____ Anzahl der fehlerfreien Wiederholungen _____

Generalisierung
Schreiben Sie drei weitere Umgebungen auf, wo Sie die Übung trainieren möchten.
(1) _____ (2) _____ (3) _____
(1) Klappt ( )   (2) Klappt ( )   (3) Klappt ( )

Notizen:

Legende:
Schritt 1: Erlernen der Körperbewegung; Schritt 2: Die Belohnung ist das Ziel ; Schritt 3: Ausdauer üben; Schritt 4: Wechseln der Belohnungshand; Schritt 5: Einführung des Handzeichens; Schritt 6: Keine sichtbare Belohnung; Schritt 7: Einführung des Hörzeichens; Schritt 8: Abbau des Handzeichens; Schritt 9: Abbau der Belohnung (Futtertube)

Stichwortregister